前　言

我们用 3ds Max 构建自己的虚拟世界，与这个世界分享、建立联系、互动。那一秒，没有人会刻意去研究软件的简捷性和功能性；那一秒，人们会觉得 3ds Max 这个软件用起来自然而然，随心随性。

建筑动画用叙事的方式或科幻小说的形式来描绘一个空间，成为某个项目的灵感。所有项目都是根据场地创作的，所以会以场地为基础，去改变、影响或创作一个故事，这是动画师进行创作的原动力。

建筑动画用电影或动画来实现建筑的概念。电影和动画一直都是跨界媒介。

本书以工作中实际项目制作过程的形式介绍用 3ds Max 等软件制作建筑动画的方法和技巧。讲解内容由浅及深，并且每章都有侧重点。

本书内容丰富，结构清晰，技术参考性强，涵盖面广，细节描述清晰。不仅讲解制作流程，还讲解一些常用插件的使用方法，掌握了这些工具就能在制作中充分发挥自己的创作能力，起到事半功倍的作用。

本书适合广大 CG 爱好者，尤其适合从事建筑表现相关的动画师们，初学者可以直接获取行业内专业的技术指导。中、高级读者及从业多年的业内人士，可以通过学习本书涉及的摄影、电影和动画等跨界媒介，获取本行业的学习方法，达到实际工作中质的飞跃。

建筑动画靠内在感觉，基本功扎实，经验丰富，感觉就比别人好。我把这种感觉传递给大家，可是每个人的理解都不一样，这没有关系。只要记住拼命地练习！有朝一日，你一觉醒来，你悟出来了！这不是神话，而是水到渠成。

一项技艺中只有基本功是可以说出具体内容的，照着练就行，往后却要看个人的功夫。师傅领进门，修行在个人。大家应该努力地去练基本功，而不是去记具体的参数。参数有很多，用在哪里效果最好、最节省时间，这只能靠每个人自己悟和自己做项目总结经验。有些人就想找一个能解决所有问题的万能参数，没有这样的参数，只能靠自己的经验来判断。

由于水平有限，书中难免有不妥之处，希望动画师们不吝赐教，可以通过邮箱 dywai@163.com 与我沟通。

最后感谢本书的编辑们，是他们扩展了我思维的广度和深度，并让本书面市。

吴寅寅

2019 年 1 月

目录

第1章 建筑动画制作及其流程

第 4 章 镜头制作流程——住宅鸟瞰

第 7 章 灯光和渲染——360°镜头的照明

第 9 章 合成——夜景

contents

Diffuse Colour

Ambient Occlusion

Direct Light

Reflection

Specular

Indirect Light

第 10 章 后期制作——逆光码头

第 12 章 后期合成校色剪辑输出
——后期的基本常识和 AE PR 介绍

第1章
建筑动画制作及其流程

1.1　建筑动画简介

　　建筑动画采用动画虚拟的形式,结合电影语言,根据规划、建筑、景观和室内等设计方案来划分地块,并将建筑形态、室内结构、景观环境和生活设施等未来建成的生活场景提前进行动画演示,让人们轻松理解未来的生活品质。建筑动画镜头自由,可以逼真地演绎设计的未来的整体形象,全面表现设计思想。三维动画已经发展了很多年,从最初的三维物体形态到现在的虚拟现实技术。用三维动画表现主题,会使概念更清晰直观,视觉效果更真实。伴随我国经济的发展,城市化进程的加快,建筑动画成为一个很有发展前景的领域,也逐渐成为大学里开设的专业课程,更是未来建筑表现的一个方向。图 1.1~ 图 1.4 是表现上海浦东的动画单帧。

图 1.1　上海浦东 1

图 1.2　上海浦东 2

图 1.3　上海浦东 3

图 1.4 上海浦东 4

1.2 建筑动画常用制作软件和插件

目前市场上有很多三维制作软件，建筑动画常用软件根据制作要求来选择，没有硬性规定。常用的建筑动画制作软件有 3ds Max、VRay、Photoshop、After Effects 和 Premiere 等，如图 1.5~ 图 1.9 所示。

图 1.5　3ds Max

图 1.6　VRay

图 1.7　Photoshop

图 1.8　After Effects

图 1.9　Premiere

1.2.1 3ds Max

3ds Studio Max 常被简称为 3ds Max 或 Max，是 Discreet 公司（后被 Autodesk 公司合并）开发的基于 PC 系统的三

维动画渲染和制作软件。在效果图和建筑动画中 3ds Max 更是占据主要地位，目前市场上老牌的动画公司都是以使用 3ds Max 为主的。

1. 3ds Max 对 CG 的影响

· 使 CG 软件制作平台由 UNIX 工作站向基于网络的 PC 平台转移。

· 使 CG 制作成本降低。

· 使 CG 制作由电影等高端应用进入电视、游戏等低端应用。

2. 3ds Max 的三大优点

（1）性价比高

首先，3ds Max 有非常好的性能价格，它所提供的强大功能远超它自身低廉的价格，一般的制作公司都承受得起，这样就可以使作品的制作成本大大降低；其次，它对硬件系统的要求相对来说也很低，一般普通的配置就可以满足学习的需要，我想这也是每个软件使用者所关心的问题。

（2）上手容易

初学者比较关心的问题就是 3ds Max 是否容易上手。这一点大家可以放心，3ds Max 的功能十分简洁、高效，可以很快上手，不要被它非常多的命令吓倒，只要操作思路清晰，上手是非常容易的。后续的高版本的 3ds Max 的操作也十分简便，更有利于初学者学习。

（3）使用者多，便于交流

3ds Max 在国内拥有非常多的使用者，随着互联网的普及，关于 3ds Max 的论坛也相当火爆，如果有问题可以在论坛上大家一起讨论，非常方便。

1.2.2 VRay

VRay 是由 Chaos Group 和 Asgvis 公司出品的一款高质量渲染软件，目前是业界最受欢迎的渲染引擎。基于 VRay 内核开发的有 VRay for 3ds Max、Maya、Sketchup 和 Rhino 等诸多版本，为不同领域的三维建模软件提供了高质量的图片和动画渲染。除此之外，VRay 也可以提供单独的渲染程序，方便使用者渲染各种图片。VRay 更以灵活性、易用性见长，还有"焦散之王"的美誉。

VRay 还包括其他增强性能的特性，包括真实的 3d Motion Blur（三维运动模糊）、Micro Triangle Displacement（极细三角面置换）、Caustic（焦散），通过 VRay 材质的调节完成 Sub-suface scattering 次表面散射的 sss 效果，以及 Network Distributed Rendering（网络分布式渲染）等。VRay 的特点是渲染速度快（比 Final Render 的渲染速度平均快 20%），目前很多制作公司用它来制作建筑动画和效果图，就是看中了它速度快的优点。

1.2.3 Photoshop

Photoshop 全称 Adobe Photoshop，缩写为"PS"，是由 Adobe Systems 开发和发行的图像处理软件。Photoshop 主要处理以像素构成的数字图像，使用其众多的编修与绘图工具，可以更有效地进行图片编辑工作。

Photoshop 的应用领域很广泛，在图像处理、视频和出版等各个方面都有涉及。Photoshop 的专长在于图像处理，而不是图形创作。有必要区分一下这两个概念，图像处理是对已有的位图图像进行编辑加工处理及运用一些特殊效果，其重点在于对图像的处理加工；图形创作是按照自己的构思创意，使用矢量图形来设计图形。

Photoshop 在建筑动画中的具体功能

（1）特殊效果设计

Photoshop 使很多人开始采用计算机图形设计工具进行创作。计算机图形软件功能使他们的创作才能得到更大发挥，无论简洁还是繁复，无论油画、水彩、版画还是拥有无穷无尽的新变化、新趣味的数字图形，都可以更方便、更快捷地完成。

（2）影像创意

影像创意是 Photoshop 的特长，通过 Photoshop 可以将原本风马牛不相及的对象组合在一起，也可以使用"狸猫换太子"的手段使图像发生面目全非的巨大变化。

（3）艺术文字

利用 Photoshop 可以使文字发生各种各样的变化，并利用这些艺术化处理后的文字为图像增加效果。利用 Photoshop 对文字进行创意设计，可以使文字变得更加美观、更有个性，加强文字的感染力。

（4）后期修饰

在制作建筑效果图，包括许多三维场景时，人物、配景和场景的颜色经常需要在 Photoshop 中增加并调整。

（5）绘画

由于 Photoshop 具有良好的绘画与调色功能，因此许多动画师往往先使用铅笔绘制草稿，然后再用 Photoshop 填色的方法来绘制动画场景。

（6）处理三维贴图

在三维软件中，只能制作出精良的模型，却无法为模型应用逼真的贴图，也无法得到较好的渲染效果。实际上在制作材质时，除了要依靠软件本身具有的材质功能，还要利用 Photoshop 制作在三维软件中无法得到的合适的材质。

1.2.4 After Effects

After Effects 缩写为 "AE"，是 Adobe 公司开发的一个视频剪辑及设计软件，用于高端视频特效系统的专业特效合成。After Effects 中层的引入，使 AE 可以对多层的合成图像进行控制，制作出天衣无缝的合成效果；关键帧、路径的引入，使我们对控制高级的二维动画游刃有余；高效的视频处理系统，确保了高质量视频的输出；令人眼花缭乱的特技系统，使 AE 能实现使用者的一切创意；AE 同样保有 Adobe 优秀的软件相互兼容性。

它可以非常方便地调入 Photoshop、Illustrator 的层文件；Premiere 的项目文件也可以近乎完美地再现于 AE 中；甚至还可以调入 Premiere 的 EDL 文件。新版本还能将二维和三维在一个合成中灵活地混合。用户可以在二维或三维中工作，或者混合起来并在层的基础上进行匹配。使用三维的层切换可以随时把一个层转化为三维的；二维和三维的层都可以水平或垂直移动；三维层可以在三维空间里进行动画操作，同时保持与灯光、阴影和相机的交互影响。AE 支持大部分的音频、视频和图文格式，甚至还能将记录三维通道的文件调入进行更改。

在 PC 的视频应用上，由 Adobe 公司研发的 Premiere 与 After Effects 等数字影片编辑产品，多年来一直是业界使用最频繁的软件，在国内也有非常多的学校以这两套软件来作为影片后期制作的授课内容。

另一方面，许多第三协力厂商也研发专供这两款产品用的插件程序，给 Premiere 与 After Effects 的主程序功能增添实用性与便利性。

After Effects 可以高效且精确地创建无数种引人注目的动态图形和震撼人心的视觉效果。利用与其他 Adobe 软件无与伦比的紧密集成和高度灵活的 二维和三维合成，以及数百种预设的效果和动画，为电影、视频、DVD 和 Macro Media Flash 作品增添令人耳目一新的效果。

现在 After Effects 已经被广泛地应用于数字和电影的后期制作中，而新兴的多媒体和互联网也为 After Effects 提供了宽广的发展空间。我相信在不久的将来，After Effects 必将成为影视领域的主流软件。

1.2.5 Premiere

Premiere 是一款常用的视频编辑软件，由 Adobe 公司推出。Premiere 是为视频编辑爱好者和专业人士准备的必不可少的编辑工具。它可以提升创作能力和创作自由度，是易学、高效、精确的视频剪辑软件。

Premiere 提供了采集、剪辑、调色、美化音频、字幕添加、输出和 DVD 刻录等一整套流程，并和其他 Adobe 软件高效集成，足以完成在编辑、制作、工作流上遇到的所有挑战，满足创建高质量作品的要求。

1.2.6 建筑动画常用插件

3ds Max 的一大优点就是可以运用各种脚本插件制作不同效果，这里介绍建筑动画里常用的插件。很多插件是网络上免费共享的，还有一些是需要付费购买的。具体使用方法会在下面的章节中讲解。

1. 场景整理插件

场景整理插件是建筑动画制作必不可少的。在整理材质贴图、找空物体、设置植物的摆放和随机性甚至版本的转换等方面都很方便，如图 1.10 所示。

图 1.10　场景整理插件

图 1.10 场景整理插件（续）

2. 删除重面物体插件

渲染动画最忌讳的就是重面的闪烁。场景模型难免有重面现象，整理场景中的垃圾及选出重面物体，是动画师整理场景时必须做的工作，如图 1.11 所示。

图 1.11 删除重面物体插件

3. 种树插件

做建筑动画少不了种树，一棵棵摆树固然可敬，但是为了提高效率，就要使用种树插件。种完树不要忘记设置树的随机性，方向和大小可以变一变，因为自然界中不可能有完全一样的树。要将树种在草地上，不要让树飘在天空中，如图 1.12 所示。

图 1.12 种树插件

4. Multi Scatter 插件

Multi Scatter 是一个种树或种草的插件，它可以种实体模型树，也可以种代理，是现在比较流行的种树插件。Multi Scatter 显示是 "0" 面数，清理场景 "0" 面物体时，记得不要误删，如图 1.13 所示。

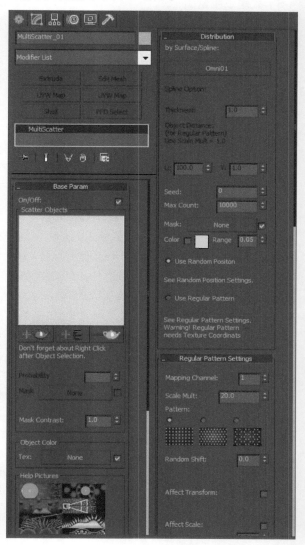

图 1.13 Multi Scatter 插件

5. Forest 插件

Forest 是一个种树插件，一般远景树经常使用 Forest 来制作，是由一个片状物体加透明贴图显示的，所以做大鸟瞰时要注意控制它的面数，如图 1.14 所示。

图 1.14 Itoo Forest Pack Pro 森林树木植物插件

6. 合并模型插件

做建筑动画经常要合并一些东西到自己的场景中，打开两个文件，在素材文件上单击复制，在自己的文件中单击粘贴，需要合并的物体就进来了。高效的工作就是这么来的，如图 1.15 所示。

图 1.15 合并模型插件

7. 摆车插件

建筑动画场景中的车都是可以动的，而且都是按照交通法规规定的方向运动的。在大场景中鸟瞰的车一定是在指定路径后用插件摆出来的，以提高效率，如图 1.16 所示。

图 1.16 摆车插件

8. 做雪模型插件

在雪景中有雪花、积雪，在模型表面增加积雪，模型会显得更加真实，如图 1.17 所示。选择要加雪的模型，调节雪生成器插件中创建雪的各个参数，然后单击【生成】按钮，一个雪的模型就生成了。

图 1.17 做雪模型插件

1.3 建筑动画分类

建筑动画是一个综合体，是诸多数字建筑表现形式的统称。按照不同的表现主体，建筑动画分为建筑设计投标、建筑工程施工、房产销售、项目招商引资、城市规划和旧城复原，共 6 类。按照项目用途分为说明类、广告类和专题类。

1.3.1 按照不同的表现主体

1. 建筑设计投标

这类设计以设计院为主要客户，主要表现建筑设计的空间感和尺度感，包括建筑形态和构成手段等。制作此类动画的时间是关键，一定要把握好设计思路，提炼设计重点进行表现，用简洁的镜头语言增强说明性。

2. 建筑工程施工

施工单位为主要客户，针对性强。这类设计以表现主要施工流程为主，要对流程的先后顺序把握清楚，注意气氛的烘托，细节处理上要交代清楚。

3. 房产销售

房产销售主要以地产商为客户，面对某些人群，需要很强的商业气氛和文化特征，场景以写实为主。在影片手法上，有相应的煽动性和广告效应。把握项目基调和气氛，较好地运用镜头语言表现小区的舒适度，更要在表现手法上抓住人们的心理。

4. 项目招商引资

项目招商主要吸引投资商来投资，表现手法上商业化，突出整个环境的商机。动画风格上接近广告宣传。制作此类动画，首先要选好吸引眼球的主题，其次要表现天时地利人和的气氛，再次要体现人文环境和商业价值。

5. 城市规划

这类项目以规划院为主，需要准确传达规划方案。设计时常用一些概念手段传达项目意图，要选择好有特色的设计点进行重点表现，在镜头运用上注意视觉效果。

6. 旧城复原

这种情况常在影视剧中看到，是非常有特点的一类动画，以仿古的手法再现民族特色，给人一种历史震撼力。设计时注意写实手法的运用，材质贴图要精致。

1.3.2 按照项目用途

1. 说明类

这类用途也叫建筑浏览，运用简单的镜头把建筑方案表现出来。这类动画比较简单，但是要求渲染真实。

2. 广告类

相对于说明类动画，广告类的动画就需要从精心策划、特效处理甚至剪辑技巧的运用等各个方面着手，统一成高质量的影片类动画。

3. 专题类

专题是针对某个专题进行说明的动画，说明性和宣传性都很强。

1.4 建筑动画制作流程

根据不同项目会制定不同的方案，但是工作流程是以不变应万变的，为了团队协调，对新进团队的伙伴进行工作流程的培训是很有必要的。

1.4.1 分析项目，前期准备

项目制作前要有大量准备工作，如客户沟通、资料交接、项目计划、脚本制作和人员分配等。根据项目类型的不同，制作不同的项目方案。充分的前期准备是后续工作能顺利进行的关键。

1.4.2 开始模型制作、构思策划、制作脚本

建筑模型是建筑动画的基础，在制作模型时，对镜头重点表现的模型要精心制作，对附属建筑则要精简处理，并保证场景的面数和物体数在可控制范围内。

脚本是分镜头设计、音乐及解说词的设计配合，是整个建筑动画的骨架。

1.4.3 与客户沟通、调整思路

在脚本制作阶段，要及时与客户沟通，以确保项目进度的顺利进行。顺利的沟通是项目得以顺利进行的关键，不能只闷头制作，沉浸在自己的想法中。

1.4.4 制作预演、配好音乐

在脚本制定过程中，应根据脚本利用简模进行镜头的动画制作，做出预演。脚本与相机镜头设置有关；预演为脚本提供最直观的帮助，为脚本构思提供参考，并有利于与客户的沟通。

脚本完成后，各个分镜头也就基本成型，后续渲染师根据分镜头制作渲染，剪辑师用预演剪辑动画雏形并配上音乐和解说词。

1.4.5 确认模型、影片预演

模型和预演制作完成后，请客户确认，确保项目顺利进行。只有模型确认才能进行下面的渲染工作，否则后期修改反而会增加不必要的工作量。

1.4.6 分镜头渲染

建筑动画中，很大一部分是镜头渲染工作，对材质、灯光和场景的合理搭配，是一个镜头最后好坏的关键。最后渲染输出，确定动画的生成方式，如动画尺寸、格式和分辨率等。

1.4.7 后期制作

后期制作是把分层的动画部分组合成一个统一体，并整体润色统一，使其更加精致。后期能起到画龙点睛的作用，好的后期制作会给平凡的动画镜头穿上华丽的外套，起到事半功倍的作用。

1.4.8 剪辑、完成整片制作

建筑动画剪辑和输出，将作品变成一个影片，完成系列动画的最后一环。剪辑师可以控制整个片子的节奏和灵魂，将平平的镜头变得富有生命力。

1.5 建筑动画制作规范

由于建筑动画是一个团队的工作，因此只有大家都遵守制作规范，才能使项目顺利进行，并确保相互调用资料时方便，提高工作效率。

1.5.1 模型规范

1. 存档规则

在计算机上建立"XX WORK"文件夹，进入"XX WORK"文件夹，按照年月建立子文件夹，如"2013.8"，进入"2013.8"文件夹后再建立项目文件夹，如"凤凰项目"，把本项目所有的资料放在里面，包括项目资料、3ds Max、MAPS、TGA 和 MOV 等。

2. 模型制作规范

建筑设计以毫米为单位，所以制作建筑动画中大都以毫米为单位，方便统一模型制作。

一般在近景中使用精模型，但是为了控制面数，有时栏杆、欧式线脚等模型用贴图表现。

在远景中使用简模型，对阳台装饰等做简化处理，大多用渲染贴图代替。

地形主要是项目内的地形，包括道路系统、草坪和小型园林等。

周边地形用于制作扩充地形，有的只有项目地形资料，所以要向外延伸出路、草坪等。

塌陷物体可按材质来制作，分别为窗框、分割线、玻璃和墙体等塌陷，注意控制一个物体塌陷后的总面数不能太大，否则会影响渲染速度，即使最后把面数很大的物体再分解，还是会影响渲染速度。

1.5.2 渲染规范

• 渲染前确认渲染尺寸、格式及通道等。

• 明确渲染目录，存在服务器上的资料跟项目负责人交代清楚。

• 确保服务器内存空间充足，保证渲染文件不会因为硬盘内存不足而无法保存。

• 镜头名称明确，禁止在同一文件夹下，出现不同序列，造成后期的麻烦。

1.5.3 后期规范

• 后期剪辑师参与脚本的制作，并理解脚本内容。

• 后期效果以项目负责人意见为主，整体统一。

• 在预演完成后，做初步剪辑，并配乐。

• 如项目需要制作音乐，配音等，项目负责人应将初次剪辑的文件给音乐人制作。

• 后期剪辑师在收到项目最终渲染文件及音乐文件后，再精细调整，剪辑合成并输出。

1.6 本章总结

本章重点讲解建筑动画的基本知识、工作流程及制作规范。

动画师只有进入这个行业，在项目中不断历练，才能深入理解，更好、更高效地制作出优秀的动画作品。

第 2 章
场景细化

2.1 场景师的工作

　　建筑动画不同于效果图，因为制作动画是一个团队的工作，各司其职，分工合作。在逐渐细分的工作中，出现了场景师的职位。场景师就是在模型师完成工作后，为模型增加植物、汽车和小品等素材，以丰富动画场景，使其更加真实。图 2.1 为住宅景观的植物小品等细化后的动画单帧。

图 2.1　动画单帧

2.2 植物

　　植物是建筑动画场景中最常见的元素之一。一般布置场景时，最先增加的就是植物。但是植物的增加也有顺序和要求，通常先增加行道树，然后依次是大的绿色植物、小的植物、灌木和草皮等。树的选择要注意体量感和树种的搭配，以及颜色的搭配等。

2.2.1 行道树

　　如图 2.2 所示，行道树是指种植在各种道路两侧及分车带的树木，分布非常广泛，作用很大，可以补充空气中的氧气、净化空气、美化城市和减少噪声等。

行道树的作用

　　●补充空气中的氧气、净化空气。行道树可以进行光合作用，吸收二氧化碳放出氧气；而树木的叶面可以黏着及截留浮尘，并能防止沉积污染物被风吹扬，故有净化空气的作用。据研究，树木的叶面沉积浮游尘的最大量可达每公顷 30~68t，可减轻空气污染。

　　●调节局部气候。行道树的树冠可以阻截、反射及吸收太阳辐射，也会经由树木的蒸发作用而吸收热气，借此调节夏天的气温。此外，树木蒸发的水分可增大相对湿度；环流影响使都市周边凉爽洁净的空气流入市区等，使气候得以改善。

　　●减少噪声。噪声是都市的公害之一，不仅使人心理紧张、容易疲劳、影响睡眠，严重的甚至危及听觉器官。行道树可借由树体本身（枝、干、叶摇曳摩擦）或生活在其间的野生动物（鸟、虫）所发出的声音来消除一部分噪声，或仅是借着遮住噪声源的视觉效果达到减轻噪声的心理感受。

　　●提高行车安全。经过适当配置规划的行道树，具有诱导视线、遮蔽眩光等作用，使道路交通得以缓冲，提高行车安全。

　　●美化市容。在城市道路两旁的楼房，颜色灰暗生冷、线条粗硬，行走其中，犹如置身水泥丛林，而行道树树形挺拔、风姿绰约，可以绿化、美化环境，软化水泥建筑物给人的生硬感觉，为都市增添美丽的景色。

● 遮阳。炎炎夏日，行道树可遮挡烈日辐射，行人得以免受日晒之苦。

● 成为珍贵的乡土文化资产。历经数十年的培育才有的林荫大道，是饱经风霜、走过时间、走过历史的见证人，与人类社会的发展、生活密切相关，其种植背景、事迹与地方特色更是最宝贵的乡土文化的一部分。

图 2.2　行道树

（1）行道树的位置在人行道上，靠近马路，如图 2.3 所示。

（2）树种为一种，树叶较为稀疏，有透气感。颜色分 2~3 种（有微差）。

（3）高度 6~8m 或 8~10m，要相对整齐、有规律。

（4）间距 6~10m，有适当的变化。

2.2.2 鸟瞰树

所谓鸟瞰树就是从高空中向下俯瞰时，植物的样子。在 3ds Max 中做一些大的场景时，镜头往往要从地面拉伸到空中，然后鸟瞰小区，这时就需要特殊的鸟瞰树来做场景，如图 2.4~ 图 2.27 所示。

（1）鸟瞰树的摆放要有组团感，疏密有致，高低错落。

（2）高度 10~30m，根据项目的具体情况而定。在

图 2.3　一般行道树位置参考

鸟瞰角度比较大的情况下可以把鸟瞰树放大一些，鸟瞰角度比较小的情况下把鸟瞰树缩小一些。

（3）树种可为 2 种，大树和小树的树种要分开。

（4）色彩基本趋于整体，颜色有微差，控制在 3 种以内，并且其中一种为主导颜色，在 60% 以上。

1. 地块开阔的鸟瞰树参考

在开阔的地块上种植鸟瞰树，要注意鸟瞰树的组团关系，这样就与开阔的地块形成疏密的空间关系。树木不能一棵一棵摆放，会使画面显得闲散没有秩序。开阔地块的鸟瞰树，如图 2.4~ 图 2.6 所示。

图 2.4　鸟瞰树 01

图 2.5　鸟瞰树 02

图 2.6　鸟瞰树 03

鸟瞰树摆放时要注意应使树种组团感好，没有一棵一棵的感觉。协调好组团树和草地的关系，草地要有一片一片的空隙感觉，变化要丰富。

2. 建筑较高或较密集的鸟瞰树参考

建筑较高或较密集时选择的鸟瞰树体积感要强烈，并且顶视图看鸟瞰树是组团的，切忌一棵一棵分散种树，摆放要有主次，按照地形轮廓和设计方案来调整，如图 2.7~ 图 2.9 所示。

图 2.7　鸟瞰树 04

图 2.8　鸟瞰树 05

图 2.9　鸟瞰树 06

3. 岛屿类型的鸟瞰树参考

在岛屿上，经常选择一些有岛屿特色的树种，并且注意岛屿的形状与树的摆放形成一定的关系，如图 2.10~ 图 2.15 所示。另外，树的大小要适中，要组团摆放，并且不要摆放得过于凌乱。

图 2.12 鸟瞰树 09

第 2 章
场景细化

图 2.10 鸟瞰树 07

图 2.13 鸟瞰树 10

图 2.14 鸟瞰树 11

图 2.11 鸟瞰树 08

图 2.15 鸟瞰树 12

4. 建筑较多且低矮的鸟瞰树参考

建筑较多时，摆放的鸟瞰树要在草皮上，可以根据需要，添加草地模型。建筑低矮时种植的鸟瞰树，不能太高、太大，否则显得地形狭小，建筑比例失调。建筑较多且低矮的鸟瞰树如图 2.16~ 图 2.18 所示。

图 2.16　鸟瞰树 13

图 2.17　鸟瞰树 14

图 2.18　鸟瞰树 15

5. 热带海边的鸟瞰树参考

在热带海边种鸟瞰树，可以增加热带植物，比如椰子树、棕榈树等，如图 2.19~ 图 2.21 所示。热带植物要组团摆放，不要放得过于松散，否则看上去像一根根稻草。

图 2.19　鸟瞰树 16

图 2.20　鸟瞰树 17

图 2.21　鸟瞰树 18

注意：

对于海滨周边的建筑，要有针对性地选择热带树种。

6. 田园风格的鸟瞰树参考

在田园风格的环境中种植鸟瞰树时要注意树和草地的疏密关系，要留出足够的草皮作为田园风景，如图 2.22 所示。树种也要选择适合田园风格的鸟瞰树，这样，树和草一密一疏的空间关系就体现出来了。

图 2.22 鸟瞰树 19

7. 城市规划馆的鸟瞰树参考

城市规划馆中，鸟瞰树要选择适合在城市中生长的树种，即我们平时穿梭于城市间经常见到的树种，然后根据城市规划馆的需要进行摆放，如图 2.23 和图 2.24 所示。

图 2.23 鸟瞰树 20

图 2.24 鸟瞰树 21

8. 场景较小的鸟瞰树参考

楼间的关系，树木既要把配楼分开，又要保留一定的空间，如图 2.25 和图 2.26 所示。

图 2.25 鸟瞰树 22

图 2.26 鸟瞰树 23

注意：

种树位置考究，树种变化较多，尺度感要真实。

9. 配楼间鸟瞰树参考

配楼间种树要注意树的疏密关系，还要注意树与配

注意：

配楼间鸟瞰树的摆放要整体有序又不死板。颜色要控制好，既要有整体感，又要有很多微妙变化。

10. 公园、景观大面积草皮鸟瞰树参考

在大面积的草皮上种鸟瞰树时，要注意，树种要丰富，摆放要有组团感，如图 2.27 所示。

图 2.27 鸟瞰树 24

2.2.3 主楼植物

主楼植物主要表现的是建筑附属植物，经常用有别于其他植物的精致的树来突出表现建筑主体。主楼植物的特点是人工种植感明显，树种体形较小，配有其他景观如灌木、石头等，能细化层次，树种都很丰富，如图 2.28~ 图 2.32 所示。

（1）要结合客户的景观设计，进行摆放。一般比较规整，有人工修整感。

（2）高度为 4~10m，不宜太高，以免挡住建筑。

（3）树种尽量和鸟瞰树不一样，选用树叶较稀疏的树种，同树种大小较为统一。

（4）住宅项目的主楼树在树种和颜色上要比较丰富，而公建项目的主楼树在树种和颜色上要较为统一。

1. 鸟瞰主楼树参考

鸟瞰主楼树有别于其他植物，要用精致的树来突出表现建筑主体，如图 2.28~ 图 2.30 所示。主楼植物要求人工种植感明显，树形较小，配有其他景观如灌木、石头等，细化层次，树种很丰富。

图 2.28 主楼植物 01

图 2.29 主楼植物 02

图 2.30 主楼植物 03

注意：

鸟瞰主楼树与鸟瞰树的区别，树种较为精细，树叶稀疏，有人工种植感。

2. 内庭院主楼树

内庭院主楼树人工种植感明显，树种体形较小，配有其他景观如灌木、石头等，要求搭配和谐，有错落的层次感，如图 2.31 所示。

图 2.31 主楼植物 04

3. 住宅植物

住宅植物要求场景树木、灌木细化层次，树种都很丰富，既有大小的变化，又有颜色的区别，如图 2.32 所示。

图 2.32 主楼植物 05

2.2.4 灌木

灌木没有明显的主干，呈丛生状态，一般可分为观花、观果和观枝干等几类，是矮小丛生的木本植物，如图 2.33 所示。许多灌木由于小巧，多作为园艺植物栽培，用于装点园林。

灌木的枝干系统没有明显的主干（如果有主干也很短），并在出土后即分枝，或丛生于地上。其地面枝条有的直立（直立灌木），有的拱垂（垂枝灌木），有的蔓生地面（蔓生灌木），有的攀缘他木（攀缘灌木），有的在地面以下或近根茎处分枝丛生（丛生灌木）。高度不超过 0.5m 的称为小灌木；地面枝条冬季枯死，翌春重新萌发的，称为半灌木或亚灌木。

灌木的作用

• 小灌木密集栽植造景可作为一种园林设计手法大量应用于园林绿地。它体现的不是植物的自然美、个体美，而是通过人工修剪造型的方法，体现植物的修剪美、群体美。这些植物组合或色块，应用于不同场合，能起到丰富景观、增加绿量的作用，有着简洁明快、气度不凡的效果，体现出园林规划设计的大手笔。

• 小灌木密集栽植造景虽不能完全取代草坪和草本地被植物所产生的作用和效果，但因其具有便于管理、效果上乘的优点也被广泛应用于园林绿化。产生较高水平的园林艺术效果，满足现代城市园林绿化建设的需要。

（1）丰富绿地与树木之间的细节。

（2）可以组团随机摆放，也可以按一定规律整齐摆放。

（3）高度通常在 0.3~1m。

图 2.33 灌木

2.2.5 景观植物

景观植物是用来观赏的植物，包括水景植物，如图 2.34~图 2.36 所示。

（1）摆放要求较高，位置和形态要有美感。

（2）树种比较丰富，高低错落，层次分明，色彩和搭配上要考究。

图 2.34 景观植物

图 2.35 水景植物 01

图 2.36 水景植物 02

2.3 交通工具

交通工具也是建筑动画中经常出现的元素，一般是动态元素，如汽车、轨道交通工具、轮船和飞机等。在制作中要注意让动态的交通工具运动起来，为画面增加活力。

2.3.1 汽车（运动的）

运动的汽车指马路上开动的车，如图 2.37 所示。

（1）根据环境来决定车的疏密，比如市中心的车要很密，营造热闹的商业氛围；郊区的车要比较稀疏，营造安静的氛围。在路口的车要营造出有红绿灯的氛围，如有的车停着等红灯，有的车在开着，等红灯的车有的要稍微歪一点。

（2）干道和支道的车疏密关系要区分。

（3）车前进的方向要符合项目所在地的实际情况。

（4）车的颜色以黑白灰为主，红色和蓝色为次。

图 2.37 汽车 01

2.3.2 汽车（静止的）

静止的汽车指停车场上的车，如图 2.38 和图 2.39 所示。

（1）摆放较为整齐。

（2）车型以小轿车为主，适当增加其他车型。

（3）颜色以黑白灰为主，含有少量红色和蓝色。

（4）如果停车场比较大的话，适当增加在停车场内开动的车。

图 2.38 汽车 02

图 2.39 汽车 03

图 2.42 船 01

2.3.3 特殊汽车

特殊汽车有货运车、装甲车等，如图 2.40 所示。

按照建筑的性质，有针对性地选择车的类型，如物流仓库的车、公交车站的车。

图 2.40 特殊汽车

图 2.43 船 02

2.3.4 轨道车

轨道车包括高铁列车、地铁列车等，如图 2.41 所示。

根据项目的具体要求摆放项目所需要的轨道车，如火车站放火车，地铁站放地铁列车。

图 2.41 轨道车

图 2.44 船 03

2.3.6 飞机

飞机，如图 2.45 和图 2.46 所示。

按照停机港的位置摆放飞机，注意在飞机跑道上增加适量的飞机。

在建筑物上如有停机坪则可以加上停着的飞机。

2.3.5 船

船包括帆船和轮船等，如图 2.42~ 图 2.44 所示。

船的尺度和类型要符合项目要求，如海边有比较多的游艇和帆船，远处放客轮和货轮。

在码头边上要比较集中地放停泊的船只，如果是帆船的话要把帆船的帆收起来。

图 2.45 飞机 01

图 2.46 飞机 02

注意：
机场的四周一般比较空旷，没有明显的高层建筑和植物。

2.4 人物

静态的人，如图 2.47 和图 2.48 所示。

人物类型要与环境相匹配，比如医院有医生，写字楼有白领，商业区、公共广场的人比较多。

人物摆放要注意疏密关系和走势的方向性。一般摆放规律为：建筑四周和建筑入口的人数较多，走向趋向于建筑。

图 2.47 人物 01

注意：
广场人数一般较多，主要聚集在主体建筑四周，人物行走方向有一定的规律性，且色彩比较统一。

图 2.48 人物 02

注意：
和摆放树的原理一样，人的疏密关系是很重要的。人物的摆放一定要有重点、有目的。

2.5 基础街道

基础街道主要有路灯、红绿灯、人行灯和适当的路牌等。

（1）位置、尺度要正确。

（2）路灯一般高7~9m，间距为30m，颜色以白色为主。

（3）红绿灯高度为6m。

（4）人行灯高度为3m。

（5）小场景鸟瞰时，注意模型的细节和美感。

2.5.1 路灯

路灯指给道路提供照明功能的灯具，泛指交通照明中路面照明范围内的灯具。通常将灯安装在柱子上，安装地点常见于道路单侧或两侧，如图2.49所示。

图2.49 路灯

注意：
鸟瞰马路边的路灯，路灯摆放可以稍微随机些，不用马路两边完全对称，色彩基本以白色为主。

2.5.2 交通信号灯

交通信号灯是交通信号中的重要组成部分，是道路交通的基本语言。交通信号灯由红灯（表示禁止通行）、绿灯（表示允许通行）和黄灯（表示警示）组成。分为机动车信号灯、非机动车信号灯、人行横道信号灯、车道信号灯、方向指示信号灯、闪光警告信号灯，以及道路与铁路平面交叉道口信号灯，如图2.50所示。

图2.50 交通信号灯

注意：
十字路口的细节表达要到位。在鸟瞰细化中，至少需要摆放红绿灯、人行横道信号灯等交通信号灯。

2.5.3 主楼灯

同主楼树一样，主楼灯是为了突出主体建筑而区别于一般路灯的精致灯具，如图2.51和图2.52所示。

注意小区灯和公建灯的区别，小区灯的样式比较精致，而公建灯的样式比较简洁和现代。

间距要适当，位置根据项目具体情况而定，高度为3~5m。

图 2.51 主楼灯 01

图 2.52 主楼灯 02

2.5.4 草坪灯

草坪灯主要以简洁的外形和柔和的灯光为城市绿地景观增添安全与美丽，并且普遍具有安装方便、装饰性强等特点，可用于公园、别墅花园和广场绿地等场所。草坪灯可提高人们夜间出行的安全性，增加人们户外活动的时间，最大程度保证人们生命财产的安全。它还可以改变人的心情，提高人的情绪，并且能够改变人的观念，创造一个明暗相间的夜晚。白天，草坪灯可以点缀城市风景；夜晚，草坪灯既能提供必要的照明，又能凸显城市亮点，如图 2.53 所示。

图 2.53 草坪灯

草坪灯的摆放要求间距适当，高度为 0.1~0.6m。

2.5.5 路牌、道路标识、垃圾筒、电话亭、书报亭和候车亭等

路牌、道路标识、垃圾筒、电话亭、书报亭、候车亭等，如图 2.54 所示。

（1）位置在人行道上。

（2）尺度要符合现实中的高度，符合项目环境，营造场景的真实感。

（3）国内项目要放有国内特色的小品，比如公交站牌和自行车等。

（4）国外项目要放有国外特色的小品，比如英文的路标和指示牌等。

图 2.54 街道细节参考

注意：

此类细节的增加，虽然点很小，但能极大地丰富画面。

2.6 商业街道

商业街道主要有广告牌、咖啡座、雕塑、花坛和气球等，有的还会摆放户外休闲椅，这些要根据场地的不同有选择地摆放。

2.6.1 广告牌、咖啡座、雕塑、花坛和气球等

广告牌、咖啡座、雕塑、花坛和气球等，如图 2.55 和图 2.56 所示，这些元素可以极大地丰富画面细节，为商业街道增加活跃的商业氛围。

商业街道要营造项目需要的商业氛围，突出商业气氛。

图 2.55 商业街道 01

图 2.56 商业街道 02

2.6.2 户外休闲椅

户外休闲椅在人们进行户外活动时可以用来放松休息，聊天吃饭。因放置这类休闲椅的地方多为公园、小区和路边等公共场所，暴露性高，经常受紫外线、风雨侵蚀，所以可以用遮阳伞等为其遮阳挡雨，如图 2.57 和图 2.58 所示。

（1）尺寸符合常规。

（2）根据不同的场合放不同类型和材质的休闲椅，如海边放沙滩专用的休闲椅，露天广场上放带伞的茶座等。

图 2.57 户外休闲椅

注意：

可用不同的遮阳伞颜色来丰富面积较大的休闲广场，分 2~3 组摆放即可。

图 2.58 海边的躺椅

2.7 室内场景（从室外看室内）

室内场景就是室内的元素，如窗帘、家具和室内植物等。只是换个角度从室外看向室内，根据场景镜头的不同选择不同的室内场景，一切以制造效率为准。

2.7.1 窗帘

从室外看室内时，最常见的就是窗帘。窗帘使房间具有私密性，如图 2.59 所示。

窗帘要求尺寸符合常规，根据不同的建筑功能放不同的窗帘，如办公室通常放百叶窗，而酒店、住宅放落地窗帘。

图 2.59 窗帘

2.7.2 家具

从室外看室内，有的公共场所可以看到室内的家具，如图 2.60~ 图 2.62 所示。

分各种组合，如办公室、餐厅、商场、医院大堂和健身房。

要求尺寸符合常规，根据不同的建筑功能放不同的家具，要注意模型的精简程度和面数。

图 2.60 家具 01

图 2.61 家具 02

注意:
玻璃面积较大的方案,可以采用一些家具来丰富室内环境。

图 2.63 室内植物

图 2.62 家具 03

2.7.3 室内植物

从室外看室内,可以看到有些室内植物靠窗摆放,如图 2.63 所示。这种植物不同于一般室外的植物,首先要有花盆,其次室内植物的摆放是精心设计的,不能像室外植物一样。

2.8 本章总结

本章重点讲解建筑动画场景摆放的知识,这是结合规划学、景观学、建筑学和美术学等多学科的综合知识。

动画师要多做项目,在实践中慢慢积累经验。平时逛街多观察现实中自然的样子,动画是一门源于自然并高于自然的学科,不断追求细节的完善,是一个动画成功的关键。

第3章
空间取景
——透视别墅

· 空间取景
· 案例背景分析
· 二维到三维的思维转换
· 灯光的设置与调整
· 场景材质及贴图的精细调整
· 动画场景的细化

建筑动画是动态的，因此它的视觉画面即银幕。虽然建筑动画与绘画的画面有共同之处，都是平面的，都要创造一种透视的观感，但是我们把银幕看作是透明的。画家的画布是涂上了颜料的，我们看到的画布是涂上了颜料的反射光，其透视感是从平面的透视构图、光影和色彩的布局中体现出来的。而银幕是空白的，它所反射的是投射在这块白布上的光影，从物理上讲，它与画布的反射光没有区别，但是那块透亮的幕布使观众从心理上感到就像是窗户上的一块玻璃，外界反射来的光亮落在玻璃上，并没有被反射，而是透了过来，如露天放映电影时，站在幕后也一样可以看，仅仅是暗了一些。此外，它们之间最大的区别是，建筑动画不是静止的画面，它是运动的镜头，而绘画是静态的。既然建筑动画是把现实空间中的运动以各种不同的方式表现，就不能静态地去考虑构图的问题。建筑动画不存在画面构图，而是空间取景，它的空间远大于纯视觉的画框。此外，建筑动画画面的平面性，在两个镜头之间的运动关系，也是绘画所不具备的特点。摄影机在空间上的运动也是绘画所不具备的特点。

如何选择视点，画面的位置及角度，透视类型及如何确定建筑和配景的大小尺度，如何处理建筑和灯光的关系都是空间取景是否好看的标准。

3.1.1 视点的选择

我们可以远望河对面的建筑，也可以在建筑前慢慢欣赏；可以在入口处仰头观望建筑，也可以站在山顶俯视建筑的全貌；可以在室内欣赏建筑的内部，也可以在窗口看外面不同类型的建筑。不同的角度决定了建筑呈现的不同形态，这都是由我们的视点决定的。

1. 视点过偏或视距过近，则视角增大，易产生失真现象

正常视角（视圆锥的顶角）一般是以视中线（视点到画面的垂线）为对称轴的 60° 以内的角度，超过此角度，透视图会产生失真现象，如图 3.1～图 3.3 所示。

如图 3.2 所示，此图的视距过近，在透视的高度和宽度上都超过正常视角，矩形平面的高体积在透视图上形成锐角，圆顶盖似乎歪斜。

如图 3.3 所示，此图的视角正常，无失真现象。

图 3.2 透视图 01

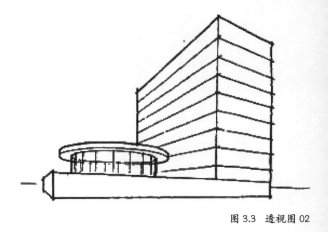

图 3.3 透视图 02

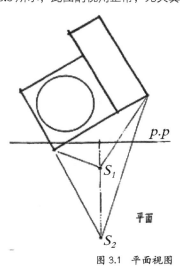

图 3.1 平面视图

怎么找出设立视点的理想范围呢？

按照视角不大于 60° 且以视中线为对称轴（即视中线任意一侧的夹角不大于 30°）的原则，将 60° 三角板底边平行于画面，斜边向着中心并靠住建筑物平面左

右的两个最边角点，作两斜线（与画面线成60°角）aA
及 bB 并交于 P 点。∠aPb 为 60°。在 ∠aPb、∠aPB 和
∠bPA 范围内，建筑物都超出 60° 的正常视角，产生失
真现象。只有在 ∠APB 范围内的任意点所见到的建筑物
都在正常视角之内，透视图才不会失真，如图 3.4 所示。

∠APB 为设立视点的理想区域，如图 3.5 所示。

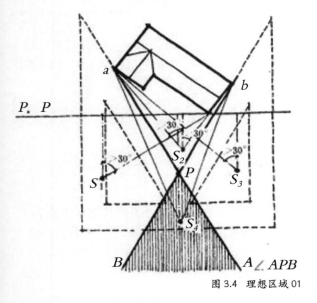

图 3.4　理想区域 01

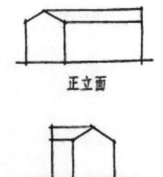

正立面

侧立面

图 3.5　理想区域 02

视点 S_1 在 ∠aPB 内的透视图，如图 3.6 所示。

图 3.6　透视图 01

视点 S_2 在 ∠aPb 内的透视图，如图 3.7 所示。

图 3.7　透视图 02

视点 S_3 在 ∠bPA 内的透视图，如图 3.8 所示。

图 3.8　透视图 03

以上 3 张图的视角都过大，有严重失真现象。

视点 S_4 在 ∠APB 内的透视图，如图 3.9 所示。

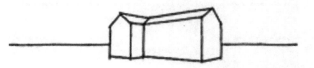

图 3.9　透视图 04

此视角不大于 60°，无失真现象。

正常视角下，不同角度呈现不同的三维透视效果，
如图 3.10 所示。

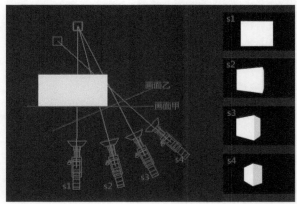

图 3.10　透视图 05

• s1 的透视图，一灭点在建筑物的透视体积内。对
实体的单体积来说，所见的只是一个面，完全没有体积感。

• s2 的透视图，一灭点过于靠近透视体积，侧面过小，
不能充分表现体积感。

• s3 的透视图，体积感较强。

• s4 的透视图，对画面甲来说，建筑物已超出 s4 的
正常视角范围，故需转动画面到画面乙的位置。这样所
见的体积感较强，又不失真。

以上是正常情况下的三维透视效果，但是也有例外。

● **特例一**

一灭点在透视体积内，如 s1 的透视图，在两种情况下反而有利于表现空间感，如图 3.11 和图 3.12 所示。

（1）室内空间

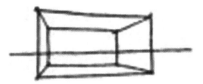

图 3.11　s1 的透视图

图 3.12　室内空间

（2）空透的建筑

空透的建筑物，如建筑物的门廊，灭点在廊内，如图 3.13 所示。

图 3.13　建筑物的门廊

● **特例二**

如果对象为非单体建筑，或有明显的突出物者，选用 s1 的位置（一灭点接近透视体积），有时更能体现透视图的立体感。

两个灭点都在远处，透视现象平缓，缺乏立体感，如图 3.14 所示。

一灭点很近，透视现象较显著，立体感较强，如图 3.15 所示。

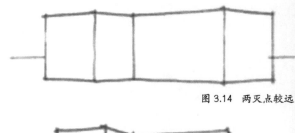

图 3.14　两灭点较远

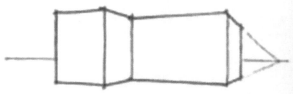

图 3.15　一灭点较近

2. 视距远近与建筑透视大小及透视现象的关系

一般概念是视点距建筑物越近，所见建筑物形象越大，反之越小。这只是当视点与画面的关系不变时。

如果建筑物与画面的关系不变，那么所得效果恰好相反，视距越近则透视图形越小，透视现象加剧而逐渐产生畸变。反之，视距越远则透视图形越大（无限远处则成立面图），透视现象越平缓。

值得注意的是，同一个平面，视距远反而能画出大的透视图，如图 3.16 所示。

- S_1 的视距过近，图像小，形象失真。
- S_2 的视距正常，图像适中，无失真现象。
- S_3 的视距过远，图像大，透视现象平缓。

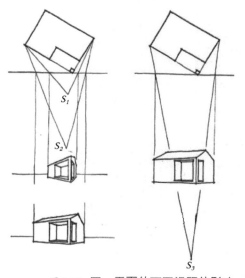

图 3.16　同一平面的不同视距的影响

3. 视点位置的选择应该保证透视图有一定的体积感

视点位置的选择应该保证至少看到一个体积的面，如前图 3.10 所示，如果建筑物与画面的关系不变，可将视点左右移动来获得体积感。图 3.10 中 s1 只有一个面，s3 的体积感较强，s2 次之。用 s1、s2、s3 建筑均在正常视角范围内，如果用 $S4$，对画面甲来说建筑物已经超出正常的视角范围，形象失真，故需转动画面到画面乙的位置。一般也可使视点与画面的关系不变，而转动建筑平面。

4. 视高的选择

在室外透视中，通常将一般人的眼睛到地面的高度作为视高，约 1.6m 左右，这样的透视图真实感较强。如果对象是平房，观察者站立的视高容易形成视平线水平等分建筑物的现象，而致使透视轮廓呆板，因此宜升高或降低视平线。

视平线平分建筑物，上檐与墙角线角度上下对称，稍显呆板，如图 3.17 所示。

降低或升高视平线，空间取景有所改进，如图 3.18 和图 3.19 所示。

要使建筑具有雄伟感，宜降低视平线，如图 3.20 所示。

有时，为了表现特殊地形，如山上的建筑，也宜降低视平线，如图 3.21 所示。

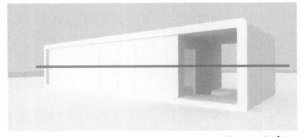

图 3.17　视高 01

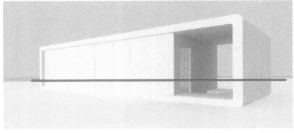

图 3.18　视高 02

图 3.19　视高 03

图 3.20　降低视平线 01

图 3.21　降低视平线 02

3.1.2 画面位置和角度的选择

1. 平行移动画面，可得任意大小的透视图，而其形象不变

视点与建筑物的关系不变时，画面前后移动，可得任意大小的透视图，其形象和比例关系不变。一般使画面与建筑平面的一个角点接触，由此推求透视高度，适用于以小平面求大透视图，如图 3.22 所示。

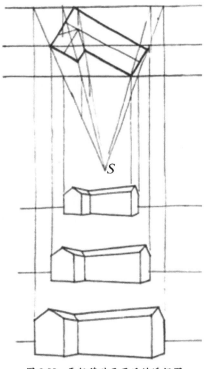

图 3.22　平行移动画面后的透视图

2. 建筑物与画面的角度

在一般情况下，应使建筑物主要面与画面的夹角较小，透视现象平缓，有利于得出建筑物实际的尺寸概念，且使建筑物的主次面分明。

如建筑物的两个面与画面的夹角大小接近，则透视轮廓线两个方向的斜度一致，对接近于方形平面的建筑来说，透视图显得特别呆板，如图 3.23 所示。

建筑物的面与画面的夹角的变化导致的透视图变化，如图 3.24 所示。

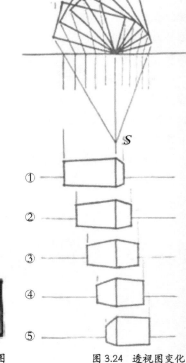

图 3.23　呆板的透视图　　　　图 3.24　透视图变化

①、②为常用透视角度，主次面分明，主要面规模大小的实际概念较明确。

③忌用，体积的两个面与画面的夹角相等，透视图上两个方向的轮廓线斜度一致，主次面不明确。

④、⑤常用于突出画面深远的空间感，或表现建筑物的雄伟感，主要面与画面的夹角较大，使其有急剧的透视现象。在画面的布局上，主要面的前部必须有足够的地方，使空间可以向远处延伸。如需表现建筑物的雄伟感，透视现象平缓的近处次面可尽量少入画面，此角度适合表现建筑群或街景，如图 3.25～图 3.27 所示。

图 3.25 街景 01

图 3.26 街景 02

图 3.27 街景 03

3.1.3 空间取景

所谓空间取景，就是利用视觉要素在画面上按着空间把它们组织起来的构成，在形式美方面诉诸视觉的点、线、形态、用光、明暗、色彩的配合。

1. 画面的长宽比

画面的长宽比要适应建筑物的体形和形象特征。一般，在效果图或手绘中，建筑物高耸的多用竖幅，如图 3.28 所示；建筑物扁平的多用横幅，如图 3.29 所示。但是做动画场景，要使画面统一在一个长宽比上，所以要协调不同造型的空间取景，使之在画面中达到统一均衡。

图 3.28　竖幅

图 3.29　横幅

2. 建筑物在画面中的位置及大小

建筑物四周要适当留空，务求画面舒展开朗，如图 3.30 所示。

图 3.30　建筑四周留空

如果建筑物充塞于画面，则显得闭塞、拥挤和压抑，如图3.31所示。

图 3.31　建筑物充塞于画面

如果建筑物需要表现细部或者放大某一局部，则不一定表现全貌，图仍然是完整的，如图3.32所示。

图 3.32　表现细部

建筑物过小则显得画面空旷，建筑物也显得渺小，如图3.33所示。

如果需要表现环境空间的开阔、深远和丰富，建筑物可以小一点，但需要适当的配景陪衬，如图3.34所示。

图 3.33　建筑物过小

图 3.34　表现环境空间的开阔

广阔的海景可以体现建筑视野中环境的开阔，如图 3.35 和图 3.36 所示。

图 3.35 海景 01

图 3.36 海景 02

建筑物主要面的前方要留有空余，要避免产生建筑物顶边和碰壁的情况。图 3.37 的建筑物左前方的余地过小，图 3.38 中的则较舒展。

图 3.37 左前方余地过小

图 3.38 较舒展

大桥桥头建筑有明显的方向性和"前进"的动感，图 3.39 中在前进的方向没有余地，显得闭塞，且画面的中心偏左，不稳。图 3.40 中的"前景"较宽阔。

一般视点的透视，总是天空留空多，地面留空少，如图 3.41 所示。

图 3.39　前进的方向没有余地

图 3.40　前景较宽阔

图 3.41　一般视点的透视

例外

（1）鸟瞰图，视点离地面高时，无天空，如图 3.42 所示。

（2）地势高的建筑，要加强地形、地势和景观的表现，如图 3.43 所示。

（3）建筑物前的地面有较丰富的内容，如水池、花坛等，且建筑物无须表现整体时，景观的水池起到丰富空间表现力的作用，所以地面多于天空，如图 3.44 所示。

图 3.42　鸟瞰图

图 3.43　地势高的建筑

图 3.44　建筑物前的地面内容丰富

3. 空间取景要避免等分现象

有以下几种不可取的等分构图。

（1）建筑物的转角在画面的竖等分线上，如图 3.45 所示。

（2）建筑物刚好在横向上的二等分线上，画面上下脱节，如图 3.46 所示。

（3）画面上部分的"虚"和下部的"实"各占一半，分界线又过于平直，如图 3.47 所示。

（4）中部建筑物及主要配景与天空、地面各占 1/3，如图 3.48 所示。

（5）建筑物中间的体量占画面的 1/3，两侧墙面与两端的留空部分又相等，如图 3.49 所示。

（6）图 3.50 中塔楼的墙面被中线等分，塔楼的两个透视面也相等。

（7）图 3.51 中的塔楼偏于一侧，塔楼的两个面主次分明，塔楼前部有开阔的空间。

图 3.45 等分 01

图 3.46 等分 02

图 3.47 等分 03

图 3.48 等分 04

图 3.49 等分 05

图 3.50　等分 06

图 3.52　树形和建筑轮廓线平行重复

图 3.51　两个主次分明

4. 空间取景要避免重复

画面中形象的重复，或者不同形体轮廓线的平行重复都易产生单调、呆板甚至不稳定的感觉，因此应避免各形体在形象上的雷同或轮廓线上的重复平行。

图 3.52 中的树形和建筑轮廓线是平行重复的，造成画面向左侧流动的不稳定感。要改变这种情况，树轮廓线宜参差不齐，打破呆板的直线，流云宜改变方向。

突出水平叶丛的树木与水平建筑相重复，如图 3.53 所示。

竖向的树木与水平型建筑物形成对比，较生动，如图 3.54 和图 3.55 所示。

前景摆树也能打破重复，如图 3.56 所示。

建筑物与树木在形体上较为相似，显得重复、呆板，如图 3.57 所示。

横向的树木与竖向的建筑物形成对比，打破了重复，突出了建筑物这个主题，如图 3.58 所示。

图 3.53　水平树木与水平建筑重复

图 3.54　竖向树木与水平建筑 01

图 3.55　竖向树木与水平建筑物 02

图 3.56　前景摆树

图 3.57 建筑物与树木形体相似

图 3.58 横向的树木与竖向的建筑物

5. 空间取景要有稳定感

　　画面中的稳定感一方面取决于空间取景的均衡，一方面要控制住线与形逸出图外的流动感。

　　图 3.59 中的聚向消失点的透视线具有流动感，使人们的视线沿着若干强烈的透视消失线向消失方向逸出画面外。一般调整的办法是在这一端用临近的建筑局部或树木、灯杆等物"顶"住，使画面聚而不散，如图 3.60 所示。

　　如果另一透视面的消失线有一定的"分量"，两种方向相反的流动感相抵消也可取得稳定感。

图 3.59 线与形逸出图外

图 3.60 稳定感

6. 避免直线分割画面

　　图 3.61 近景中的树干割断了画面，破坏了画面的整体感，图 3.62 有所改善。

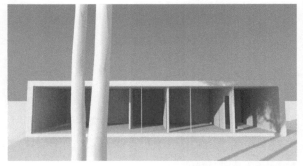

图 3.61 直线分割正面

图 3.62 改变树干形状

7. 避免不同距离的形体在画面上相切

　　不同距离的形体相切，使人看不出两者的先后层次，且两者又产生各自独立的竞争性，易使画面各形体间失去相互融汇、相互依存的整体性。

　　图 3.63 和图 3.64 中的树木（包括灌木和绿篱）都相切，不能起到陪衬建筑物的作用，每一个形体都成一个独立的单元。另外，图 3.64 中左端的树木与大门墩边线重叠，砖柱的棱角线与人物重叠都是不恰当的。

图 3.63　形体在画面上相切 01

图 3.64　形体在画面上相切 02

8. 均衡

　　最简单的均衡为对称的均衡，均衡中心就在对称轴上。对称的均衡容易产生安定稳重、庄严和肃穆的印象，但是一般偏于呆板。因此，在对象和画面均为对称的空间取景中，往往利用流动多变的人群、车辆、云彩，以及丰富的树木和光影的变化来使画面变得生动、活泼，如图 3.65 所示。

图 3.65　对称的均衡

　　不对称的均衡类似于力学上的杠杆原理，其"支点"即为均衡中心。"分量感"大的物体离均衡中心较近，"分量感"小的物体离均衡中心较远。两者轻重虽不相等，但因位置远近的不同而取得均衡。所谓"分量感"是指形体、明暗、色彩、虚实等方面的分量。一般来说，建筑的分量总是最重的，人与车也是重的，树木次之，云烟水最轻。黑、白、灰的色块中以黑色为最重，彩色中以暖色为最重。因此，均衡有以下几种情况。

　　（1）形体上的均衡。一个小的丰富多姿的形体可以与大的平淡简朴的形体相均衡。

　　（2）明暗色调上的均衡。在淡调子的画面上，一小块深色可以与一大片灰色相均衡；在深调子的画面上，一点亮光可以和一大片深色相均衡；在统一一色调的画面上，一小块对比色可以和一大块主调色相均衡；"万绿丛中一点红"，一点红可以和一片绿相均衡。

（3）虚实上的均衡。一小块明确、结实的东西可以与一大块虚浮的东西相均衡。

（4）动态上的均衡。有强烈动态的小物体可以与静止、呆滞的庞大物体相均衡。

图3.66中的建筑物的入口偏于右侧，加上右侧的树大而色重，整个空间取景右重左轻，但是，左侧加上前景的树木，空间取景就均衡了。

图3.66　通过左侧前景树木获得均衡

图3.67中的商业街左侧重右侧轻，空间取景不均衡，右侧加上配楼、轮船、前景的人物和树木在地上的阴影，均衡效果较好。

图3.67　右侧加上配楼等获得均衡

图3.68中的建筑物也是左重右轻，所以在较轻的右侧配以近景树来获得均衡。

图3.69中右边建筑物的体量虽然大，但处理得较"虚"，没有强调细部，明暗变化也平淡。稍远的建筑的体量较小，但明暗强烈，细部鲜明，且有深背景的衬托，所以有均衡效果。另外，右侧的建筑物因透视效果有"向心力"，也起到了呼应建筑和从属的作用。

图 3.68　右侧配以近景树获得均衡

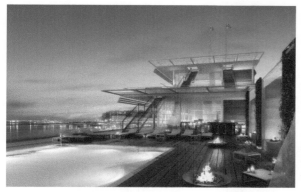

图 3.69　通过右边建筑物虚化及透视效果获得均衡

图 3.70 中右侧建筑的虽然层数较高、体量较大，但表现较平淡；左侧的建筑虽然体量小，但因形体的特殊性和明暗对比强烈，所以空间取景仍然是均衡的。

图 3.71 中左侧轮廓挺拔的建筑和右侧水平的商业群楼，虽然大小不一，但在形体对比关系上是均衡的。

图 3.70　空间取景均衡

图 3.71　形体对比均衡

9. 重点

（1）突出重点的意义

如果一幅题材丰富的画不分主宾，平铺直述，则不但事倍功半，还显得杂乱无章。

在形的空间取景上建筑动画与摄影有相似之处，但又不同于摄影。建筑动画可以加以提炼，予以取舍，突出重点。如果主次配合得当，则浑然一体，相得益彰，既易取得统一、集中的效果，又易做到事半功倍。

（2）重点的选择

● 如果作为主题的建筑物在画面中所占地位不大时，往往以建筑物的体形比例或整体轮廓为重点。

● 如果建筑物在画面中所占画面较大或建筑体量较多，内容较庞杂时，则往往选择某一局部（如入口、门廊或建筑物的某一体量）或某一重要标志为重点（如塔楼）。

（3）如何突出重点

● 重点应该在画面中居显要地位，一般置于靠近画面中心的位置。

● 聚焦线的引向和聚点所在，引向建筑物入口的道路、成行的树木等透视灭线的灭点所在，即为重点，如图 3.72 所示。

图 3.72　灭点即为重点

● 增强明暗效果。

a. 加强明暗对比。

图 3.73 中的入口处光影明暗对比强烈，阴影处较深，受光处较白，深色的树木背景也起到对比、衬托的作用。虽然右侧非重点处树木的色调整体较深，但明暗对比较弱。

图 3.73　加强明暗对比 01

图 3.74 中的入口处充分表现质感组成一组重调子，阴影特别重，整个与背景的淡调子形成对比关系，非重点的四周则轻描淡写。

图 3.74　加强明暗对比 02

这两张图的深浅调子相反，但产生的效果相同。

b. 强调亮度。

图 3.75 中的入口处较明亮，有聚光效果。

图 3.75　聚光效果

图 3.76 是聚光于上部，图 3.77 是聚光于底部。聚光所在即重点所在。在这种情况下，聚光处也同时加强了明暗对比。非重点处为灰调，明暗对比较弱。

图 3.76　聚光于上部

图 3.77　聚光于底部

4. 丰富与省略

重点处细致刻画，材料质感和光影变化给予充分表现。远离重点时则逐渐放松、省略，由实到虚。

入口处的材料质地——砖纹及光影明暗表现较强烈，渐远渐省略，如图 3.78 所示。

人物或车辆集中，这样的动态和引向有助于指出重点所在。一般刻画人物总是使其涌向入口或刚离开出口，随着人群的动向把人们的视线引向重点，如图 3.78 所示。

配色，也可以表现重点，重点处可多用对比色，非重点处可多用调和色。

图 3.78　入口处的材料质地

10. 统一与集中

在建筑表现中除建筑物外往往有很多题材，所有这些题材的组织必须不散不乱，必须有机地联系，相辅相成。这就是统一与集中的问题。在这种多元的组合中，要注意，建筑物始终是建筑动画表现的主题，其他都是起陪衬、辅助作用的。尽管它们原本可能是丰富多姿、绚丽多彩的，也要退居到配角的地位，在画面中要适当地减弱。它们应起引导、过渡或呼应的作用，使人们的视线自然移动到建筑物上。因此，云朵和天空的变换宜柔和、清淡，风云突变或天空明暗对比强烈的表现是有损主题的，除非是特定场景；树木要有立体感和光影变化；人物、车辆只有在体量小的情况下或接近重点处颜色可鲜艳一点；邻近的房屋，明暗和色彩可以淡一点，如图 3.79 所示。

图 3.79　突出表现建筑物

11. 次体对主体的衬托作用

画面有重点就有非重点，有主体就有次体。建筑表现中始终以建筑物为主体，天空、地面、山、水、植物、人、车和邻近的建筑等都为次体。次体在形、空间位置和明暗关系上都应该只起从属和衬托作用，不可喧宾夺主。

汽车、人物都是配景，方向都是朝向入口的，有导向作用。强调主体入口，使画面效果统一、集中，如图 3.80 所示。

图 3.80　次体对主体的衬托

12. 层次与空间感

画面是一个平面，要使一幅建筑表现得引人入胜，则需要一个令人犹如身临其境的空间深度。

产生层次与空间感的因素和现象，除透视本身有三维空间感外，空气中的尘埃与水汽会直接影响物体的明暗、色彩与清晰度，这三方面的变化呈现出空间的纵深感。

以图 3.81 所示的建筑群为例，近处的建筑细部明显，光影明暗强烈，物体呈固有色，建筑材料的质地纹理表现清楚；渐远的建筑细部逐渐隐退，光影明暗渐趋柔和，颜色差异随之减少，更远处的建筑细部消失，只有大体量的表现，甚至外轮廓也变得模糊。

图 3.81　建筑群的层次与空间感

如图 3.82 所示，山区建筑景观的动画表现，近处的山山势起伏明显，树丛、山石可见，基本上呈固有色。渐远处，山势起伏逐渐模糊，树丛连成一片，明暗及固有色减弱。更远处只见山的外轮廓，山本身的起伏波折及树木、山石完全消失，色调逐渐统一。最远处连成均匀的一片，且接近天色。

中间的楼为画面的重点所在，明暗对比强烈。楼的侧面靠灯光做出楼层，层次清晰。中间楼的入口处在室内光下较明亮，前景与背景形成对比，起"框"和引导视线至画面重心的作用，同时又丰富了画面的层次，如图 3.83 所示。

图 3.82 山区建筑景观的动画表现

图 3.83 楼的层次

13. 层次的组织和处理

层次一般由近景、中景和远景组成，这基本的三景使画面具有一定的空间感。

（1）近景

近景的主要作用是使建筑物后退一个空间深度，同时也起"框"的作用，把视线引向主体。近景可以是树木、花草、建筑物、人物、车辆，以及从拍摄者后面的物体投到画面上的影子。近景中的物体往往不是一个完整体，多数是一个局部。

近景本来应该是细部清楚、明暗对比强烈、色彩鲜艳的，但由于近景往往是陪衬的、从属的，因此不能喧宾夺主，不应强调体积感，明暗的变化宜平淡，只需注意外形轮廓的剪裁。因此，近景可以是近似剪影的一片深色，也可以是极为清淡甚至只是留空白的外形轮廓。当然，浅色或留白的近景必须有深色的背景做衬托，利用对比关系显示层次。

（2）中景

在建筑表现中，建筑物往往就是主体，也是重点所在。它占据画面相当大而重要的位置，应该着重刻画，如明暗对比强烈，细部清楚，材料纹理及色彩清晰，体积感强。

（3）远景

远景使人感到画面舒展，空间深远。远景也不宜强调体积感和明暗关系，色彩不易鲜艳。

图 3.84 中右侧的树木局部和左侧地面上的影子组成一个深色的"框"，使建筑退得较远，同时马路上有由近及远、由大及小的人物，也加强了空间的透视深度。

图 3.84 远景的作用

图 3.85 中有近景、中景和远景，用不同的调子显示出不同的层次。

画面前景中地面留下的影子，使作为中景的建筑物似乎离我们很近，同时也起到"框"的作用，使视线停住并折回到画面中心。这些影子可能来自画面一侧的树木、建筑物，或者是画面上不可见的相机后面的树木、房屋或高空中行云的落影。

图 3.85 近景、中景和远景

图 3.86 中用建筑及其在地面的落影组成近景，有助于增加画面的空间深度。

图 3.86 建筑及其落影组成近景

图 3.87 中树木的落影构成近景，有助于增加画面的空间深度。

图 3.87 树木的落影构成近景

图 3.88 中的窗框形成近景，有助于增加画面的空间深度。

图 3.88 窗框

在多体量的画面中抓住一个作为重点。在图 3.89 中以上部突出的建筑为重点，较细致地刻画，加强明暗效果，适当减弱其他体量的表现。这样，画面效果既统一集中又有层次。

图 3.89 以上部突出的建筑为重点

3.1.4 光线与建筑

光线产生的阴影对建筑起"生根"和衬托的作用。有了光和阴影，建筑的三维面才能展现得更加立体。

有了阴影，建筑物的立足点就更明确，用建筑的阴影衬托了建筑，如图 3.90 所示。

图 3.90　用阴影衬托建筑

在图 3.91 中，左边的立方体没有阴影，给人的感觉似乎飘浮在空中，右边的立方体因为有了阴影，即有了落地生根的稳定感。

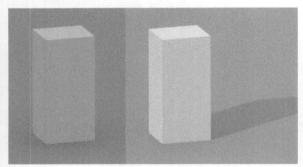

图 3.91　阴影的作用

1. 光线角度的选择

光线角度选择恰当，有助于表现建筑的体积感。光线一般来自左侧或右侧，不用正面光。

如果右侧体量突出在前而无明显的透视感（立面或近似立面），则选右侧光使右侧镂空的体量在空白墙面有落影，从而显出体量有前后之分，如图 3.92 所示。如果建筑有较明确的透视感或在两个不平行的面上有显著的色调或明暗上的区别，则光线角度的选择不一定如上述。

图 3.92　通过右侧光表现体量的前后

光线来自左侧，左侧体量的前突较清楚，如图 3.93 所示。

图 3.93　通过左侧光表现左侧体量

为了突出主面，用右侧光，画面透视感较强。只需在体量中不平行的面上有色调或明暗上的少许区别就好，如图 3.94 所示。

图 3.94　用右侧光凸显透视感

2. 突出光线角度的现实性

应该注意建筑物的实际朝向，特别是朝北的面，除夏季的清晨和傍晚以外，都处于阴面。

透视中的主要面朝向阳光，光线的角度是正常的，如图 3.95 所示。

图 3.95　建筑明暗面的光线

有的建筑主要面朝北，因此除夏季的早晚，朝北面总是阴面，如图 3.96 所示。建筑师在设计时已经考虑了建筑的主要面朝向北还是朝向南。光线的方向是基础常识，不清楚可以向建筑师询问，不要出现低级错误。

图 3.96　建筑暗面早晚的光线

3. 光线的角度要考虑当地的纬度

在朝南阳台的透视图中，就阴影来说，阳台底面的阴影越小就说明阳光的入射角越小。如果阳台的侧面阴影小，就说明太阳已经升至一定的高度（中午无阴影），如图 3.97 所示。

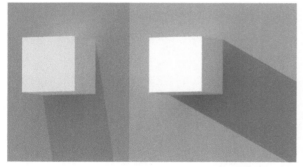

图 3.97　阳台阴影与太阳高度的关系

阳台侧面阴影在冬天北半球高纬度地区会很长。如果在中纬度地区，阳台侧面阴影短，阳台侧面阴影长是在早晨或傍晚，如图 3.98 所示。

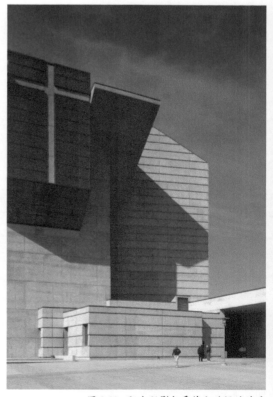

图 3.98　阳台阴影与季节和时间的关系

4. 几种常用光线的角度

　　光线与建筑物所成角度一般有如图 3.99 和图 3.100 所示的 4 种情况。

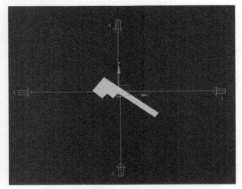

图 3.99　光线与建筑物所成角度 01

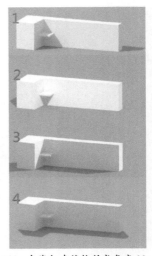

图 3.100　光线与建筑物所成角度 02

　　图 3.100 中 1 和 2 的光线角度较常用，因为建筑较易取得明朗的效果，体积感及细部也都易于表现。图 3.100 中 3 和 4 的光线角度下建筑主体大面积处于暗部，没有光影变化来表现体积感和细部（如出沿、线脚和挑台等的凹凸），所以一般不常用，特别是 4。如果是根据朝向的要求而选用此种光线角度，要注意加强反光效果，影子要深，大面积的阴影要淡。

　　在鸟瞰图中，采用 3 或 4 的逆光效果倒是别有风味，因为任何一个立方体的 3 个面中至少有一面受光。可以加深阴影，这样处于阴面的垂直墙面会由于反光而得到强烈的光感和体积感。本书第 10 章的案例就是逆光效果，如图 3.101 所示。

图 3.101　逆光效果

3.2　案例背景分析

　　本案例是一个常见的别墅住宅的表现。高档住宅要体现怡人的环境和高档的品位，让人看了之后有想住进去的欲望。因为建筑是静态的，所以要丰富镜头画面的视觉效果，可以加上风吹草动的效果，运动的人和车，以及光线阴影的变化，甚至是季节的流动。本动画时长 10 秒，展现了植物色彩的微妙变化，植物由春天的万物复苏到春暖花开，再到绿荫环抱，将动画效果体现得淋漓尽致，如图 3.102~图 3.105 所示。

图 3.102　别墅表现 01

图 3.103　别墅表现 02

图 3.104　别墅表现 03

图 3.105　别墅表现 04

本案例学习建筑动画中常见的别墅表现，主要强调二维平面到三维建筑的思维转换，软件操作只是技能，审美和眼界才是软件操作员和动画师的区别。经常有动画师会对某些场景一见钟情，效果做得很好，却对另一些动画场景"找不到感觉"。这是一个误区，优秀的动画师是无论做什么场景都能游刃有余的，并交出令人眼前一亮的作品。

多找参考图是提高工作效率的一个好办法。比如找色调参考，确定这个场景大概是暖色调还是冷色调，是白天还是黄昏。再找灯光参考，看这个场景是顺光效果好还是逆光效果好，是短阴影还是长阴影能使建筑体积感更好、空间感更强。再找材质参考，一片玻璃在人视角度是什么样的，在俯视角度又有什么效果，是不是有上下渐变的效果等。

此外，可以多看电影等视觉画面，并运用到自己的表现中，想象一下这个场景在运动中是不是可以有些出彩的东西。比如，一个茶几上是不是可以有一本翻开的书、一杯热气腾腾的咖啡来增加生活气息；一个鸟瞰场景是不是可以有一些鸟飞过的镜头，是不是可以有云彩的阴影投射在建筑上形成动态的感觉；是不是可以借鉴延时摄影的手法，体现时间的流逝。现在的动画不是简单的建筑浏览，而是追求更加丰富的视觉效果。多增加动态元素，制作一些视觉亮点，可以使动画效果更丰富、更生动、更出彩，如图3.106所示。

图 3.106　二维到三维的画面分析

3.3.1 天空

天空的明度有一个从上到下和从左到右的渐变，渐变要与阳光的方向一致，色调要统一，如图3.107和图3.108所示。

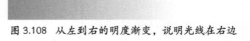

图 3.108　从左到右的明度渐变，说明光线在右边

注意：

天空从左到右的明度渐变，说明太阳光在右边；反之，太阳光在左边。做动画时一定要注意，避免天空左右的明度与光线不一致这种低级错误。

图 3.107　从上到下的明度渐变

3.3.2 背景树

背景树可以打破建筑直线的边角，分割建筑和天空之间或建筑和建筑之间的空间。注意树的饱和度和对比度，树的颜色不宜太花哨或形状太独特。

3.3.3 远处的配景

配景要和整体环境协调、统一。一般由大面积到小面积搭配。绿地的造型、铺地的分割、高差层次，都能塑造丰富的层次。先种大树，再种灌木，除非是特殊场景，尽量减少大面积花朵的种植。灌木要有高低搭配、疏密搭配、色彩搭配、花叶搭配。灌木可以缩小处理，切忌把灌木放大当作大树。

3.3.4 草地

草地叠加混合，可以增加层次感，加强对比度，注意突出草地的质感。在草地上形成的点点光斑可以使场景更加真实，更有空气感。

3.3.5 远处的配楼

远处的配楼要虚化处理，以整体为主。通过雾的效果，增加楼与楼之间的空间感，弱化配楼的对比度和饱和度，使远处的配楼虚化。

3.3.6 室内场景

别墅内部空间叠加室内场景，比如加入窗帘或家具等，使别墅更具真实性。

3.3.7 人

加入动态的人，可以活跃场景气氛。人的饱和度要降低，并且人的风格和色调要与整体环境相融。人流一定是向着建筑走的，入口处的人最多，最吸引眼球，会起到画龙点睛的作用。

3.3.8 空间感

近实远虚，前景通过压角树、近处地面上的阴影，使前后的空间感更强。

前景压角树模型一定要精致，树叶的形状和材质都要不断地推敲，树枝的纹理也要有质感。可以旋转压角树查看不同角度的效果，以找到最好的视角。树叶的色调应压暗，便于和建筑呼应。

3.4 灯光的设置与调整

本案例是一个正常的白天效果，在建筑表现中，一般把面对相机的建筑面作为亮面，这里就把面对相机的别墅阳台面作为亮面。在前景用压脚树和树的阴影形成"框"效果，把画面的视觉中心引向主建筑，如图 3.109 和图 3.110 所示。它们都是渲染出来的灯光测试效果。

图 3.109　灯光的设定 01

图 3.110 灯光的设定 02

3.4.1 太阳光的设定

太阳光是建筑动画中的主光源，也是分开建筑明暗面的主要光线。制造好的主光可以为画面的深入制作打下良好的基础。动画师开始制作场景时，一定要反复测试灯光，包括灯光的方向、阴影的位置和长短等。制作好光线，就像画画铺垫了好的明暗关系，接下来才能更好地刻画细节，否则会事倍功半。

一般镜头打光分三部分。首先是主光源，也就是太阳光；其次是环境光，就是阴天时看到的天空光；最后是人工光，主要是晚上或室内用的人工光。白天场景主要是太阳光和环境光。

1. 用 VRaySun 制作太阳光主光源

（1）进入 Creat（创建）面板，单击 Lights（灯光）按钮，在 VRay（VRay 光）下，单击 VRaySun（VRay 阳光）按钮，在顶视图中创建 VRay 阳光，如图 3.111 所示。

图 3.111　创建 VRaySun

（2）在弹出的 V-Ray Sky 提示框中单击否（N）按钮。即 VRaySun 和 V-Ray Sky 分别具有单独的数值，如图 3.112 所示。

图 3.112　不关联 VRaySun

（3）调节阳光的位置。由于自然界中太阳离我们比较远，因此顶视图中太阳被拉得很远，如图 3.113 所示。白天太阳一般比较高，所以前视图中，太阳距离地面还是比较高的，如图 3.114 所示。

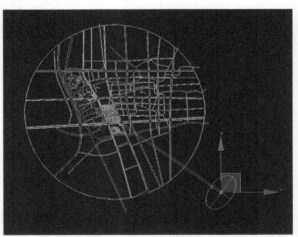

图 3.113　顶视图 VRaySun

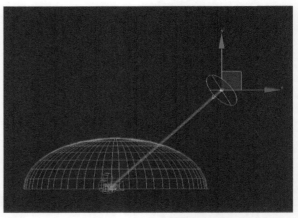

图 3.114　前视图 VRaySun

注意：

由于是白天，因此太阳离地面还是比较高的。太阳和地平面的夹角为 45° 左右。

2. 调整灯光参数

调整灯光的面板如图 3.115 所示，各参数的内容如下。

• enabled：开启面光源。

• invisible：勾选此选项后 VRaySun 不显示，这个选项和 VRay 灯光中的意义一样。

• turbidity：大气的混浊度，这个数值是 VRaySun 参数面板中比较重要的参数值，它控制大气混浊度的大小。日出和日落时阳光的颜色为红色，中午为很亮的白色，

原因是太阳光在大气层中穿越的距离不同，即因地球的自转使我们看到的太阳会因大气层的厚度不同而呈现不同的颜色。早晨和黄昏的太阳光在大气层中穿越的距离最远，大气的混浊度也比较高，所以会呈现红色光线；反之正午时大气的混浊度最小，光线会非常亮、非常白。

● ozone：该参数控制着臭氧层的厚度，随着臭氧层变薄，特别是南极和北极地区，到达地面的紫外光辐射越来越多，但臭氧的减少和增多对太阳光线的影响甚微。

● intensity multiplier：该参数比较重要，它控制着阳光的强度，数值越大，阳光越强。

● size multiplier：该参数可以控制太阳尺寸的大小，阳光越大，阴影越模糊，用它可以灵活调节阳光阴影的模糊程度。

● shadow subdivs：即阴影的细分值，这个参数在每个 VRay 灯光中都有，细分值越高产生阴影的质量就越高。

● shadow bias：阴影的偏差值，当参数值为 1.0 时，阴影有偏移；当参数值大于 1.0 时，阴影远离投影对象；小于 1.0 时，阴影靠近投影对象。

● photon emit radius：是对 VRaySun 本身大小进行控制的，对光没有影响。

turbidity（混浊度）和 intensity multiplier（强度）要互调，因为它们相互影响。size multiplier（太阳的大小）和 shadow subdivs（阴影细分）要互调，以画面的最终效果为主。

注意：

上面的经验值和解释只针对 3ds Max 相机，对于 VR 相机来说就不适用了。

注意：

具体参数要根据实际情况来调节，这里只做参考。

图 3.115　VRaySun 参数面板

3.4.2　环境光的设定

环境光就是阴天时我们看到的光线。白天的环境光一般是天蓝色，晚上则是深蓝色的。一般情况下，环境光是整个画面的主要色调。

打开 Rendering（渲染）卷展栏，选择 Environment（环境）命令，如图 3.116 所示。在打开的在 Environment（环境）面板中调节 Color（颜色）。Color 越白，天空光越亮；反之 Color 越暗，用天空光越暗，用环境颜色控制环境光时没有强度大小的调节，只能通过调节黑白颜色来调节明亮，如图 3.117 所示。

图 3.116　设置环境光 01

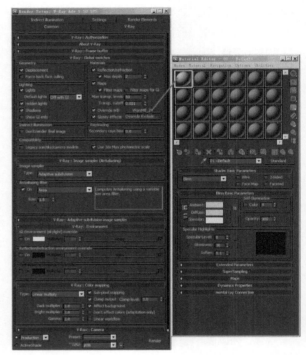

3.4.3 灯光测试

　　有时候用一个基本材质球就可以测试灯光亮度、颜色、方位甚至阴影等。

　　打开 VRay 面板，在 Global switches（全局开关控制器）卷展栏中勾选 override mtl（代理材质）复选框。代理材质就是一个默认标准材质。颜色调为灰色（200 左右）。把材质球拖到 override mtl（代理材质）中，这样场景中的所有物体将使用该材质，如图 3.118 所示。

图 3.117　设置环境光 02

图 3.118　代理材质

3.5　场景材质及贴图的精细调整

　　建筑动画中的材质是最能体现画面质感的因素。制作玻璃材质时要注意玻璃的反射、质感的表现和硬度的调节。为了增加玻璃的细节，在玻璃后面增加窗帘的模型或贴图，甚至在近景特写表现时，增加室内场景。栏杆有强烈的反射，要和玻璃形成对比。墙体是涂料还是砖材，质感要表现出来，就不会像一张白纸了。路面经过人、车的踩压会有压痕，压痕会有深浅的变化，甚至有裂纹痕迹，只有制作出这些细微，才能让场景更加真实，而不像打印出来的三维模型，如图 3.119 所示。

玻璃
栏杆
墙体

马路

图 3.119　材质

3.5.1 玻璃材质

玻璃的材质一定要体现它的硬度和质感。一般玻璃的固有色都很深，玻璃的高光是高高细细的。玻璃的透明和反射要配合测试结果来调整。在建筑表现中，玻璃是最容易出彩的地方，如果玻璃调节不好，会使建筑整体得无精打采。调节玻璃材质的方法如下，相应效果和参数面板如图 3.120 和图 3.121 所示。

（1）单击主工具栏中的 Material Editor（材质编辑器）按钮，打开材质编辑器窗口。单击 Get Material（获取材质）按钮，在弹出的 Material/Map Browser（材质/贴图浏览器）窗口左栏中选择 Selected（选定对象）选项，在右栏显示所选模型使用的材质"玻璃"，双击材质名称，将其调入材质编辑器窗口。

（2）选择 Blinn Basic Parameters（Blinn 基本参数）卷展栏，单击 Ambient（环境光）和 Diffuse（漫反射）之间的按钮 将两者锁定，调节色彩为深蓝色，修改 Specular Level（高光级别）和 Glossiness（光泽度）分别为 120 和 60。用高高细细的高光来表现玻璃的硬度。

（3）将 Opacity（透明度）设置为 40，因为玻璃是透明的，要使里面的窗帘等能透出来，增加细节。

（4）在 Reflection（反射）通道上指定 VRay Map（VRay 反射贴图），数量为 40，VRay 反射贴图的参数保持默认。

（5）另外，可以通过 Filter（过滤色）来调节玻璃的颜色。注意，只要一点过滤色，就会使玻璃上表现的颜色很重，所以要不断测试调节。

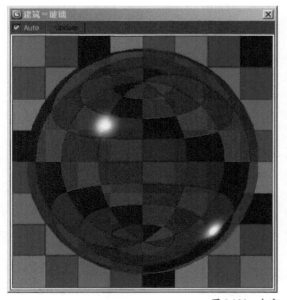

图 3.120　玻璃

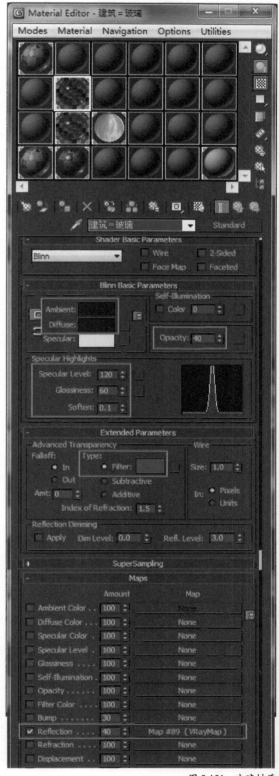

图 3.121　玻璃材质

3.5.2 栏杆材质

建筑动画中的栏杆一般在玻璃外面对玻璃起到支撑

的作用,颜色上跟玻璃形成明暗对比。玻璃的颜色深,质感硬,而栏杆偏白色,有模糊反射的质感。栏杆材质的设置方法如下,相应的材质效果和参数面板,如图3.122和图3.123所示。

（1）单击主工具栏中的 Material Editor（材质编辑器）按钮,打开材质编辑器窗口,选择空白材质球。

（2）将 Diffuse Color（漫反射）颜色设置为蓝灰色。浅色的栏杆和深色的玻璃形成明暗对比。

（3）选择 Blinn Basic Parameters（Blinn 基本参数）卷展栏,单击 Ambient（环境光）和 Diffuse（漫反射）之间的按钮 C 将两者锁定,调节色彩为深蓝色,修改 Specular Level（高光级别）和 Glossiness（光泽度）分别为56和36。用高光来表现栏杆的硬度。

图 3.122 栏杆

图 3.123 栏杆材质

3.5.3 墙体材质

墙体虽然是一个颜色的涂料,但是为了表现细节,会增加一点高光效果和凹凸的纹理贴图,以突出墙面的颗粒质感,也为平整的墙体增加一点明暗效果。墙体材质的效果和参数面板,如图 3.124 和图 3.125 所示。

图 3.124 墙体

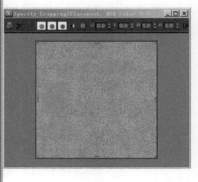

图 3.125 墙体材质

3.5.4 马路材质

马路在场景中占很大面积。应该注意其颜色的把握,凹凸的纹理要自然而有变化,不能把马路当作一个平面的颜色。马路材质的设置方法如下,相应的材质效果和参数面板,如图 3.126 和图 3.127 所示。

（1）选择马路物体。

（2）单击主工具栏中的Material Editor（材质编辑器）按钮，打开材质编辑器窗口。单击 Get Material（获取材质）按钮，在弹出的 Material/Map Browser（材质/贴图浏览器）窗口左栏中选择 Selected（选定对象），在右栏显示所选模型使用的材质"马路"，双击材质名称，将其调入材质编辑器窗口。

（3）选择 Blinn Basic Parameters（Blinn 基本参数）卷展栏，单击 Ambient（环境光）和 Diffuse（漫反射）之间的按钮 C 将两者锁定，在 Maps（贴图）卷展栏下为 Diffuse Color（漫反射）通道指定马路的纹理贴图，并把马路的纹理贴图拖到 Bump（凹凸贴图）中。

图 3.126 马路

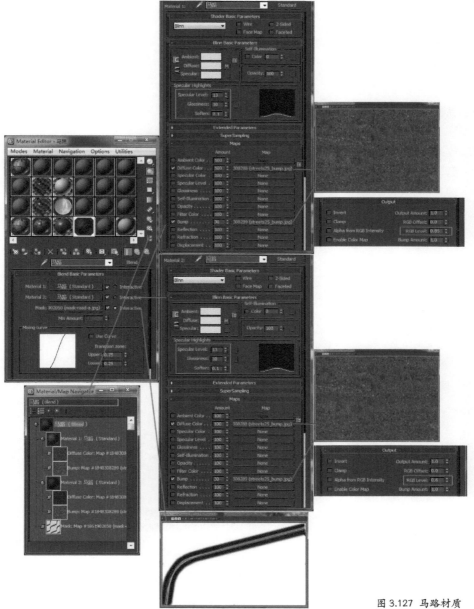

图 3.127 马路材质

由于马路上有人、车走过的痕迹，因此要做出深浅不同的痕迹变化，可以增加马路的纹理效果，增添真实感。本案例用了一张贴图，不同的明暗度通过黑白遮罩混合出深浅不同的纹理。

3.6 动画场景的细化

建筑动画和效果图不同，建筑动画的场景在前期就要布置好。目前使用代理模型制作场景，一般景观表现的场景中主要的细化就是添加植物模型，场景细化前后的效果，如图3.128~图3.131所示。

图 3.128 场景细化前 01

图 3.129 场景细化前 02

图 3.130　场景细化后 01

图 3.131　场景细化后 02

3.6.1 选择模型

　　选择 Ever motion Arch models 素材库里的模型来摆放场景。选择植物时应尽量选择体量感好的植物，否则渲染出来的植物图片，没有体量感。如图 3.132 和图 3.133 所示为本案例用到的素材。

　　按照画面从上到下，选择的模型有大树、小树、灌木、草皮等。注意，植物以绿色为主，可以选择不同的绿色。此外，也要有些彩色的花做点缀，来表现大自然的丰富多彩。

按照画面从近到远，选择的植物有近景植物、中景植物、远景植物。近景植物常用来做画面压脚，或者拉开画面的远近关系，一定要选择精细的模型，不要用一个片状的叶子，更不能用一个片状的颜色代替，带段数的枝干一看就是假的。中景植物的设置要注意层次的搭配，主要在于衬托建筑物，打破建筑直直的棱角，并使其更融于自然。远景植物则要精简，以减少场景的总面数。

另外，不要忘记添加路灯或地灯，来增加人文气息。住宅小区的路灯不同于一般马路上的路灯，要选择精致好看的，路灯的高度和间距也要注意。

还有窗帘或室内家具的添加，这里添加了窗帘的模型。

图 3.132 Ever motion Arch models 植物素材

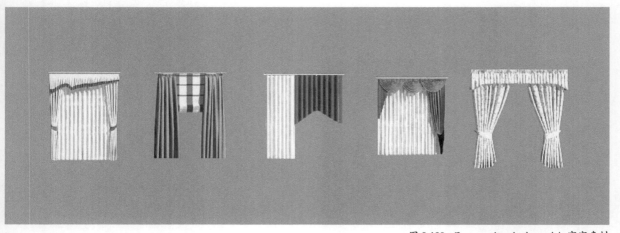

图 3.133 Ever motion Arch models 窗帘素材

3.6.2 做代理

场景中植物模型的数量多、面数大，模型面数会影响场景的制作和渲染速度，但是为了制作精细、逼真的效果，我们把树做成代理，以节省资源，如图 3.134 和

图 3.135 所示。

使用 VRay Proxy（代理物体）功能制作近景树木。布置树木时如果使用高精度的模型素材，在透视角度和细节上都是比较理想的，但是这种制作方法会增加大量

面数，通常这种高精度的树的面数在几万到几十万，如果大量复制，会造成场景总面数的剧增，一般计算机是无法工作的。

本案例采用 VRay Proxy（代理物体）功能解决这一问题。其原理是在 VRay 渲染模式下，将 3ds Max 网格物体导出为 VRMesh 文件，当再次导入后即为 VRay Proxy（代理物体）。代理物体虽然显示在当前场景中，但实际是引用的外部文件，因而在对模型操作的过程中不占用内存，只是在渲染时从外部文件导入数据计算，这样可以在场景制作中节约大量的内存空间，从而实现大批量高精度网格物体的渲染。

注意：

对代理物体的操作不占用内存，但是不能对代理物体进行修改，只能进行移动、旋转、缩放和复制等简单操作。

图 3.134　代理树 01

图 3.135　代理树 02

3.6.3　制作代理的一般方法

（1）首先减面。在模型库中选择合适的树木模型，要求树木模型细节适中，面数不要过多，一棵树的面数在 10 万面左右是可以接受的。如果植物模型面数过多，可选择要减面的物体，在修改面板中增加 MultiRes 命令来减少面数，如图 3.136 所示。

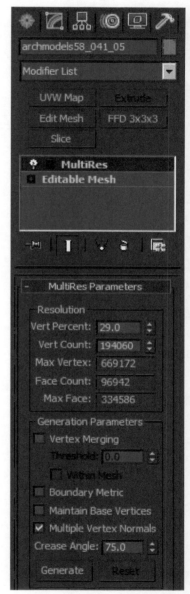

图 3.136　减面

（2）把减完面的物体塌陷成 Mesh。选择要塌陷的物体，在视图中单击鼠标右键，在显示的四元菜单中选择 Convert To→Convert To Editable Mesh（转换到→转换到可编辑网格）命令，塌陷物体的修改器堆栈，转换为 Mesh 物体，如图 3.137 所示。

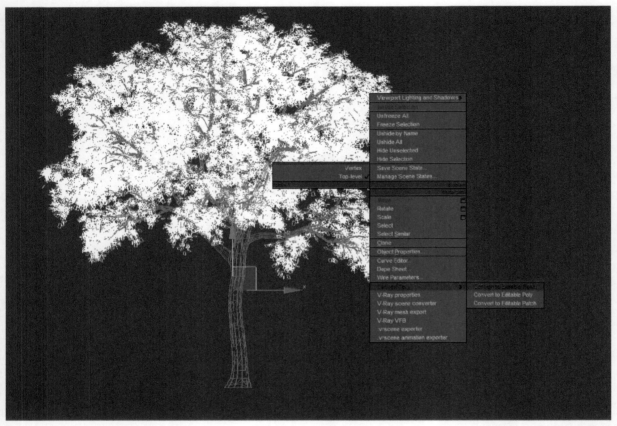

图 3.137 塌陷 Mesh 物体

（3）将模型各个部分结合成一个物体。选择模型树干部分，进入 Modify（修改）面板，单击 Edit Geometry（编辑几何体）卷展栏中的 Attach List（附加列表）按钮，在弹出的窗口中单击全部物体，然后单击 Attach（附加）按钮，将树模型的各个部分结合到一起，如图 3.138 所示。

（4）在弹出的 Attach Option（附加选项）面板中，选择 Match Material IDs to Material （匹配材质 ID 到材质）单选按钮，如图 3.139 所示。

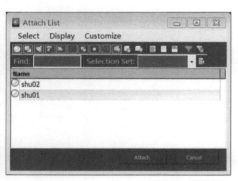

图 3.138 塌陷物体

图 3.139 匹配材质 ID 到材质

（5）把 Mesh 物体转成代理物体。单击鼠标右键在快捷菜单中选择 V-Ray mesh export（V-Ray 网格导出）选项，如图 3.140 所示。

图 3.140　转换代理 01

（6）弹出 VRay Mesh Export【VRay 网格导出】面板，在 Folder【文件夹】一栏单击 Browse【浏览】按钮，选择导出路径。在 File【文件】一栏为导出的代理物体命名，如图 3.141 所示。

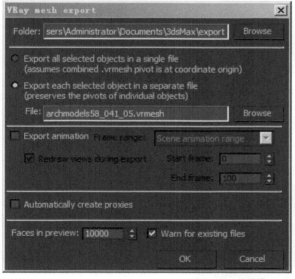

图 3.141　转换代理 02

（7）将模型导出后，进入 3ds Max 的创建面板。单击 （几何体）按钮，在下拉选项里选择 VRay，如图 3.142 所示。

图 3.142　转换代理 03

（8）在 VRay 物体类型中选择 VRay Proxy（VRay 代理），在 Mesh Proxy params（网格代理参数）卷展栏中单击 Browse（浏览）按钮，选择刚才导出的代理物体，单击（打开）按钮，如图 3.143 所示。

图 3.143　转换代理 04

（9）在 3ds Max 视口单击，创建一个代理物体，连续单击可以连续创建多个物体，单击鼠标右键结束创建。导入的代理物体显示的线框效果比原模型粗略，如图 3.144 所示，但是不会影响渲染效果。

图 3.144　转换代理 05

（10）结束创建后，进入代理物体的 MeshProxy params（网格代理参数）卷展栏，选择 bounding box（边界框）方式显示，如图 3.145 所示。这样可以在复制大量代理物体时提高显示的刷新速度和操作速度。

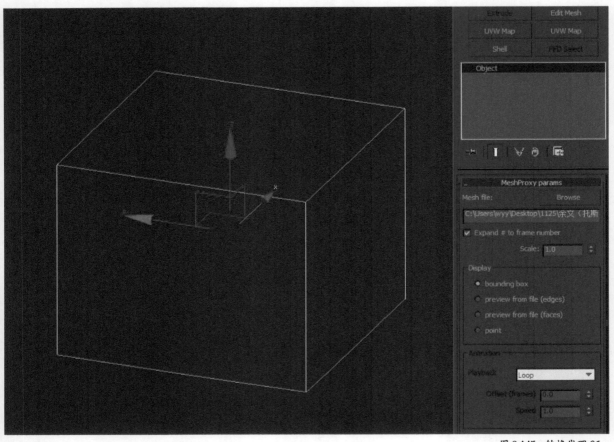

图 3.145　转换代理 06

（11）代理物体必须是 VRay 渲染器才能正常渲染。按快捷键 F10 打开 Render Scene（渲染场景）面板，选择 Common（公用）选项卡，在 Assign Renderer（指定渲染器）卷展栏中，单击 Production（产品级）项旁边的按钮，在弹出的 Choose Renderer（选择渲染器）面板中选择 VRay 渲染器，如图 3.146 所示。

图 3.146　转换代理 07

（12）测试代理物体的渲染速度。将代理物体横向、竖向分别复制49个，得到2 500个代理树，如图3.147所示。在没有任何灯光的情况下，记录渲染一张720×405的图所用的时间。如果在没有代理物体的情况下，这样的一个场景模型会达到90 790×2 500共有226 975 000个面，这样的运算量远远超过了计算机的承受范围，计算机会直接提示内存不足并自动跳出3ds Max程序。

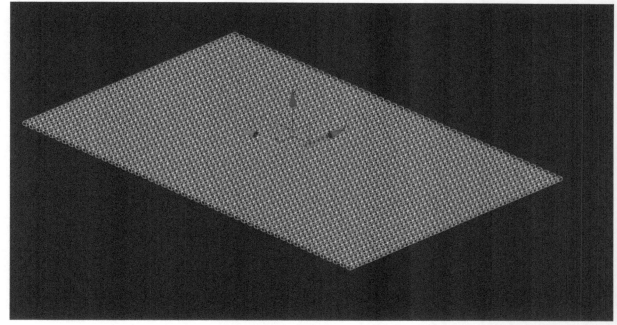

图3.147　转换代理08

（13）查看当前使用代理物体渲染的场景文件的Summary Info（摘要信息），会发现场景面数为0，如图3.148所示。这是因为代理物体不参与操作时的内存计算，只在渲染时才调用外部文件。

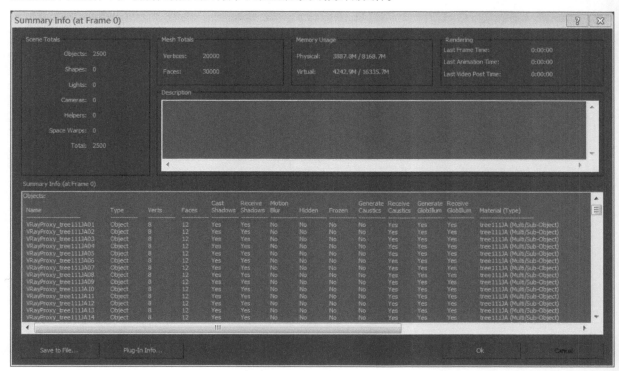

图3.148　摘要信息

注意：

导出的 VRMesh 文件是不能被删除的，它和 3ds Max 的贴图文件一样，必须和场景文件同时保存才能正常渲染。

（14）用同样的方法制作出其他不同类型的代理植物作为场景的素材，如图 3.149 所示。

在场景中调用不同的代理植物，通过复制完成所有的树木布置，如图 3.150 所示。

图 3.149　代理植物

图 3.150　最终场景

注意：

制作大量代理植物时最好采用关联复制的方法，并且用 Bounding box（边界框）方式显示，这样可以加速显示并提高操作速度。

3.7　本章总结

所谓授人以鱼不如授人以渔。本章重点讲了建筑动画空间取景和二维到三维的思维转换。通过分析平面元素，拓展到三维空间的思维意识。

介绍了灯光在别墅中的制作方法，可以通过一个基本材质调节灯光的方向和高度，更加直观地看到光影效果在场景中的作用。

介绍了透视别墅场景中常用材质的调节。材质是区分真实场景和 3D 模型的工具。通过材质的细节调整，增加画面的真实感。

介绍了动画场景常用素材的选择，根据场景的不同和摆放位置的不同，选择素材要因地制宜。植物的摆放要考虑大小的搭配、颜色的搭配和前后空间关系的搭配等，通过错落有致的搭配，制作出饱满的画面。

介绍了制作植物代理的方法和植物代理的使用方法，通过植物代理节约计算机的系统资源，并提高制作场景的速度，使动画师在透视别墅场景的制作中可以游刃有余并能举一反三。

动画师平时要多收集动画素材，包括模型、贴图，甚至动画作品，多看好的动画作品是如何表现的，学习并为自己所用。

第 4 章
镜头制作流程
——住宅鸟瞰

4.1 概述

在某个时间段的天空下，不同颜色的物体都会带有同一色彩倾向。如被笼罩在一片金色的阳光中；或被笼罩在一片轻纱薄雾似的淡蓝色的月光中；或被秋天迷人的金黄色所笼罩；或被笼罩在大雪后白色的世界中。在不同颜色的物体上笼罩某一种色彩，使不同颜色的物体都带有同一色彩倾向，这样的色彩现象就是色调。

4.1.1 色调

色调是指一个画面色彩的整体倾向，是大的色彩效果。建筑动画表现中要做到色调统一，建筑、配景和天空的光感及环境色要协调。

1. 从冷暖上分

色调在冷暖方面分为暖色调与冷色调。红色、橙色、黄色为暖色调，象征着太阳、火焰。蓝色为冷色调，象征着森林、大海、蓝天。黑色、紫色、绿色、白色为中间色调。暖色调的亮度越高，画面整体感觉越偏暖，如图 4.1 所示；冷色调的亮度越高，画面整体感觉越偏冷，如图 4.2 所示。冷暖色调是相对而言的，譬如红色系中，大红与玫红在一起的时候，大红就是暖色，而玫红就被看作冷色，但是玫红与紫罗蓝在一起的时候，玫红就是暖色。

图 4.1 暖色调

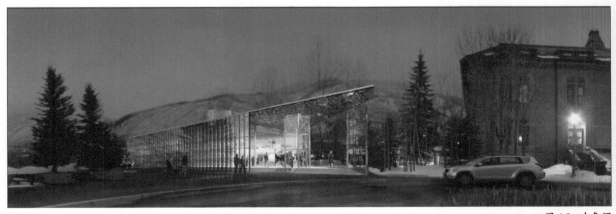

图 4.2 冷色调

2. 从色彩上分

色调在色彩上分为单色调、调和调和对比调。

（1）单色调

单色调是指用一种颜色，只在明度和纯度上做调整。单色调容易形成自己的风格，但是注意中性色要做出丰富的层次感，同时要拉开画面的明度对比，这样才能达到理想的效果，如图 4.3～图 4.5 所示。

图 4.3　单色调 01

图 4.4　单色调 02

图 4.5　单色调 03

（2）调和调

调和调是指用标准色中临近色的配合所形成的色调。调和调容易单调，所以要注意明度和纯度的对比，而且在画面的局部可以用小面积的对比色或者饱和度高的颜色达到突出主体的效果，如图 4.6～图 4.8 所示。

图 4.6　调和调 01

图 4.7　调和调 02

图 4.8　调和调 03

（3）对比调

正午时画面的色彩强度对比容易造成不和谐，必须用中性色调和。还可以用不同的色块之间的面积大小对比来突出主体。在色彩对比中，冷色给人后退的感觉，暖色给人前进、突出的感觉，如图 4.9 和图 4.10 所示。

注意：

色块的大小和位置能均衡画面布局。在调和色彩时要注意用中性色。近景的纯色由远景的灰色衬托，明亮的纯色由灰暗的灰色衬托，主体的纯色由客体的灰色衬托。

图 4.9　对比调 01

图 4.10 对比调 02

3. 从明度上分

　　色调在明度上表现为高调、低调和灰调。

　　黑、白、灰是美术中用来表现物体空间感和质感的，用来表现画面的暗部、亮部和中间调的关系，用在建筑动画表现中，人视角度的场景是地面、建筑和天空的关系，鸟瞰场景中是树木、地面和建筑的关系，如图4.11和图4.12所示。

图 4.11 人视角度黑白灰调

图 4.12 鸟瞰角度黑白灰调

注意：

人视角度的黑、白、灰调是地面最暗，建筑为灰调，天空最亮。我们可以把建筑想象成桌面上的静物，地面是放静物的桌面，建筑是重点刻画的静物，天空是静物后面的衬布。鸟瞰场景中的黑、白、灰调是树木最暗，地面为灰调，建筑最亮，这样才能突出建筑。

（1）灰调

灰调经常被叫作高级灰，画面以灰调为主，灰度的差别比较微妙，注意画面的局部需要用小面积饱和度高的对比色来突出主体，起到画龙点睛的效果，如图 4.13 和图 4.14 所示。

图 4.13 灰调 01

图 4.14　灰调 02

（2）高调

整个画面以亮色为主，但是在画面中必须有小面积的深色来衬托，高调才会更明亮，给人清淡、明快、高雅的感觉，如图 4.15 所示。

图 4.15　高调

（3）低调

低调也叫暗调，以深色组成画面，同时留出少量并且集中的白色，或者很浅的灰色。由于在明度上和其他颜色的反差很大，因此在视觉上会很突出。暗调的色彩明暗对比强烈，画面平稳、宁静，如图 4.16 和图 4.17 所示。

图 4.16 低调 01

图 4.17 低调 02

4.1.2 光影

　　光和影应协调，画面中的配景应匹配光照方向及室内光源的方向。在图 4.18 和图 4.19 中，日景中所有的人、树、车等配景都是一个光照方向及阴影方向。同时，阴影的颜色会受到天空颜色的影响，阴影的长短受太阳高低的影响，中午时阴影很短，清晨和黄昏时阴影会被拉得很长，同时阴影远处的边缘会相对模糊。

图 4.18　光影 01

图 4.19　光影 02

　　光透过树叶产生体积光的效果，同时，在看见太阳的位置会出现炫光，这会加强画面的光感和趣味性，使画面更加生动，如图 4.20 所示。

图 4.20 体积光

夜景中配景（人、树木和小品等）的光感会受光源的影响，所以画面中室内光源的方向和室外小品的光源方向要匹配，如图 4.21 所示。

图 4.21 夜景光

4.1.3 结构

建筑动画表现中要做到建筑结构清晰、形体转折面清晰、体块关系明确，这样才能体现建筑的体量感，如图 4.22 所示。

图 4.22 建筑结构 01

白天，有大面积玻璃的室内的处理，可以通过少许灯光和灯具来体现室内的氛围，用来活跃建筑，如图 4.23

和图 4.24 所示。

图 4.23 建筑结构 02

图 4.24 建筑结构 03

有玻璃橱窗的室内贴图的处理方式很重要，要既能体现室内的商业氛围和空间关系，又不影响玻璃质感和结构关系，这需要建筑动画师反复调节以达到协调，而不是死记硬背参数。

这里可以先找到参考图，根据参考图调试玻璃的透明度和反射，以及商业贴图的亮度和透明度，以达到最佳效果。通常会做两层模型，一层是玻璃的面，另一层是商业贴图的面，这样可以方便分别控制。另外，玻璃模型一般只做一面，可见面朝向相机，这样可以提高渲染速度，不会因为双层玻璃造成反复折射而浪费渲染时间，如图 4.25 所示。

图 4.25 建筑结构 04

注意：

玻璃的处理，室内贴图不能影响玻璃的整面感和结构。

4.1.4 空间

　　空间感是指三维空间中反映出的深度感，在画面中表现为物体的体积感和物体之间的距离感。通常要使建筑的空间和配景（人、树、车等）层次表达清晰，画面就有空间感，如图4.26所示。

图 4.26　空间感

　　（1）体积感：物体由于受到光的照射会产生不同的明暗层次，即美术中的亮部、灰部、明暗交界线、反光和投影5种调子，如图4.27所示。有体积感的建筑画面，如图4.28所示。

　　（2）距离感：不同位置的物体由于受大气对光线的阻挡，会出现清晰度和颜色的变化，即清晰度的"近实远虚"，近处颜色的饱和度高，远处的饱和度低。尤其要注意人物的近实远虚的对比，如图4.29和图4.30所示。

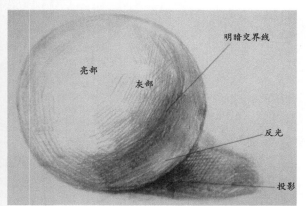

图 4.27　5 种调子

图 4.29　距离感 01

图 4.28　体积感

图 4.30　距离感 02

在街景中表现大面积的街道或广场时，经常利用建筑或树木产生的阴影加强画面的景深和空间感，如图 4.31 所示。

图 4.31　距离感 03

在表现大面积的街道时，前景中如果不会产生阴影，要保持画面的整体感，还可以利用人物的前景、中景、远景的层次加强画面的空间感。注意前景地面的细节，如路面的标识、斑马线等，甚至铺砖的接缝方向和马路的颗粒质感，同时，地面上需要表现出光线的变化。这些细节决定了画面的真实感，如图 4.32~ 图 4.34 所示。

图 4.34　空间感 03

图 4.32　空间感 01

人、树和车等配景通过放置的前景、中景、远景 3 个层次，可以体现画面的空间感。同时，利用前后的遮挡加强层次关系，在画面中制造点、线、面的构成感，如图 4.35 所示。

图 4.35　空间感 04

图 4.33　空间感 02

人物摆放窍门，如图 4.36 所示。

（1）景别：制造近景、中景、远景 3 个层次。不同的景别之间利用前后遮挡和黑白的对比加强空间感。

（2）疏密：制造画面左右的疏密和前后的疏密，一

般建筑主要入口处人物密集。

（3）导向性：人流走动的方向需要有导向，体现在建筑的入口或道路系统，起到引导视线的作用。

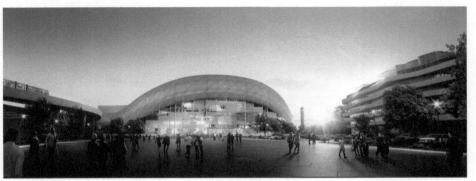

图 4.36 人物摆放

4.1.5 材质

画面材质要表现清楚、刻画深入，材质的深入刻画可以起到节省模型量且不失去细节的作用，如图 4.37 和图 4.38 所示。

图 4.37 材质 01

图 4.38 材质 02

1. 玻璃材质

菲涅尔效果是在玻璃的反射属性上的体现，物体的面和观察者角度的不同会造成反射度的区别，同时也影响透明度。我们平时应该多观察真实世界中不同角度的玻璃效果，多看建筑照片，做项目时用相同角度的照片作为参考，可以起到事半功倍的作用，如图 4.39 和图 4.40 所示。

当光入射到折射率不同的两个媒质分界面时，一部分光会被反射，这种现象称为菲涅尔反射。如果光在光纤中的传输路径为光纤→空气→光纤，由于光纤和空气的折射率不一样，将产生菲涅尔反射。

菲涅尔反射，是用来渲染一种类似瓷砖表面有釉的那种感觉或木头表面清漆的效果，是指当光到达材质交界面时，一部分光被反射，一部分发生折射，即视线垂直于表面时，反射较弱，而当视线非垂直表面时，夹角越小，反射越明显。所有物体都有菲涅尔反射，只是强度不同，因此加菲涅尔反射是为了模拟真实世界的这种光学现象。

图 4.39 玻璃材质 01

图 4.40 玻璃材质 02

玻璃光泽度的体现主要依靠光影的变化，玻璃反射天空会呈现出上下的明暗及色彩的变化。这样做出来的玻璃才有层次变化，而不是一块镜子面板，如图 4.41 和图 4.42 所示。

图 4.41 玻璃材质 03

图 4.42 玻璃材质 04

玻璃的高光位置跟相机与阳光位置的角度有关，人视角度看玻璃的高光和仰视角度看玻璃的高光，位置是不同的。另外，正午的高光与黄昏的高光，位置也是不一样的。注意，清晨一般不要加玻璃高光。我们经常在后期中加入高光光晕的效果，起到画龙点睛的作用。但是，如果相机镜头是从人视角度到仰视角度，记得光晕要做位置移动；如果是模拟由清晨到傍晚的延时摄影，则高光光晕也要做位置移动，这是经常被忽视的细节，如图 4.43 和图 4.44 所示。

图 4.43 玻璃材质 05

图 4.44 玻璃材质 06

2. 金属材质

高光、反射衰减及 FALLOFF 贴图在反射通道的应用和模糊的变化与相机的夹角有关，夹角越大的面上反射出的环境越清晰，如图 4.45 和图 4.46 所示。

图 4.45　金属材质 01

图 4.46　金属材质 02

3. 石材材质

要表现出石材的肌理和厚重感，应避免材质贴图的重复，如对比上海浦西建筑和浦东建筑，浦西建筑多为石材，有厚重感，而浦东的玻璃建筑则没有。建筑物的石材在阳光下要有少许高光，以凸显建筑表面的质感变化，如图 4.47 和图 4.48 所示。

图 4.47　石材材质 01

图 4.48　石材材质 02

4. 铺地材质

注意对室外铺地的表达，如广场铺地、人行道及街道等铺地肌理质感的表现，一般它们会有污渍和老化的现象，需要用有细微色差的灰色系材质体现真实感，如图 4.49~ 图 4.52 所示。

图 4.49　铺地材质 01

图 4.50　铺地材质 02

图 4.51　铺地材质 03

图 4.52　铺地材质 04

4.1.6　主次

要突出画面主体，明确视觉中心，可以通过调整亮度、对比度来体现，也可以通过调节色彩对比度、饱和度来体现，如图 4.53 和图 4.54 所示。

图 4.53　主体突出 01

图 4.54　主体突出 02

4.2 案例背景分析

  本案例是一个日景的住宅鸟瞰，在住宅鸟瞰的画面中明暗关系是树最暗、草地比树亮、建筑整体最亮。此类镜头景别较大，要有整体把握的能力，关注画面整体效果。不要局限到小细节中，而不顾大局。

  在一部建筑动画作品中，鸟瞰镜头经常出现在开头或结尾，用来展示建筑形态、地理位置、交通等，夜景鸟瞰还用于表现项目的商业气氛和照明效果。由于鸟瞰要求场面丰富、气势宏大，因此经常起到烘托气氛、带动高潮的作用，如图 4.55~ 图 4.59 所示。

图 4.55　鸟瞰 01

图 4.56　鸟瞰 02

图 4.57　鸟瞰 03

图 4.58　鸟瞰 04

图4.59 鸟瞰05

4.3 场景的设置、整理与精简

模型师交给渲染师的模型只是基本的场景。模型师的任务只是完善场景的制作及基本的材质贴图的调整。由于建筑动画是由团队完成的，加之时间紧、任务重，经过多人之手后，场景中难免有影响制作的因素，这就要求渲染师在制作开始时先整理场景。磨刀不误砍柴工，这是提高效率的不二法宝。

4.3.1 场景的基本设置

在开始工作之前，建筑动画团队应该对3ds Max有个基本的设置，使其后面的工作统一。

1. 统一单位为厘米（cm）

（1）选择Customize→Units Setup（自定义→单位设置）命令，单击System Unit Setup（系统单位设置）按钮，在弹出的对话框中将系统单位设置为Centimeters（cm）并单击OK（确定）按钮。

（2）在Units Setup（单位设置）对话框中将显示单位比例更改为Centimeters（cm），如图4.60所示。

图4.60 单位设置

2. 设置撤销步数和自动保存时间

（1）选择 Customize → Preferences(自定义→首选项）菜单命令，在 Preference Settings（首选项设置）对话框的 General（常规）选项卡面板上设置 Scene Undo（场景撤销级别）的值。撤销级别的值越大，占用的系统资源越多，一般设置为 20 比较适合建筑动画场景。

（2）在 Auto Backup（自动备份）组里，将 Backup Interval（Minutes）（备份间隔（min））设置为 30min（默认是 5min），如图 4.61 所示。

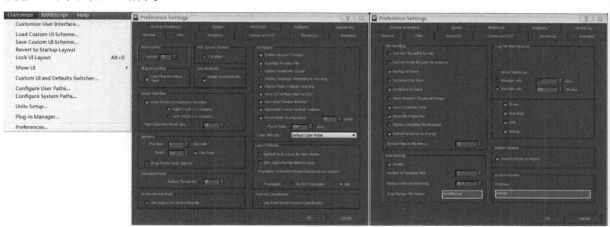

图 4.61　撤销步数和自动保存时间

3. 设置显示类型

设置显示类型的目的是防止因为显示原因而使场景坏掉或死机。

选择 Viewports（视口）选项卡，单击 Choose Driver（选择驱动程序）按钮，在弹出的 Graphics Dirver Setup（显示驱动程序）面板上选择 OpenGL。OpenGL 可以保证 3ds Max 的稳定性，如图 4.62 所示。

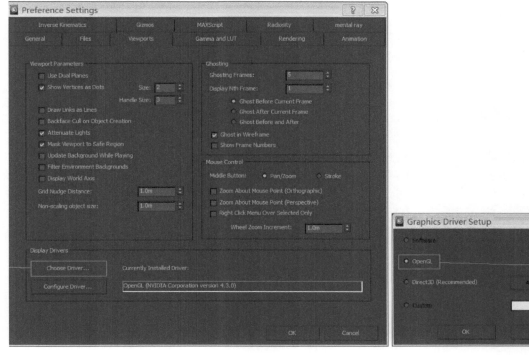

图 4.62　显示类型

注意：
OpenGL 可以使 3ds Max 更稳定，而 Direct3D 可以使 3ds Max 预览更快。这个设置没有固定使用模式，动画师可以根据自己的需要来进行调整。

4.3.2 场景的整理与精简

场景整理是影响渲染师操作速度的决定因素，精简场景的工作虽然枯燥，但却为提高后面的制作和渲染效率打下了坚实的基础。

1. 整理贴图代理路径

打开一个场景时，首先要对场景的贴图指定好位置，这样才是全部的场景文件。

（1）选择 Customize→Configure User Paths（自定义→配置用户路径）命令，在弹出的 Configure User Paths（配置用户路径）对话框中选择 External Files（外部文件）选项卡，再单击 Add（添加）按钮。

（2）在弹出的 Choose New External Files Paths（选择新位图路径）对话框中进行浏览，以查找路径。如果此路径中包含子目录，勾选 Add Subpaths（添加子路径）选项，单击 Use Paths（使用路径）指定新的贴图路径，如图 4.63 所示。

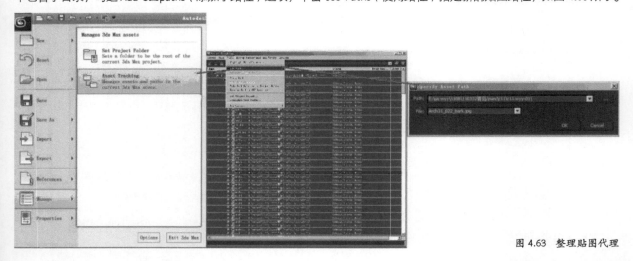

图 4.63 整理贴图代理

配置完贴图路径后，要检查一下场景是否有丢失的贴图。如果有丢失的贴图，应及时与项目经理或模型师沟通解决。建筑动画是一个多部门、多工种协调的工作，良好的沟通是建筑动画顺利完成的前提。指定好贴图路径后，另存一个自己的 3ds Max 工作文件。

2. 全选，取消所有隐藏

在视图中单击鼠标右键，在弹出的快捷菜单中选择 Unhide All（全部取消隐藏）命令，显示所有被隐藏的物体，如图 4.64 所示。

检查场景中是否还有 CAD 导入的 DWG 线及其他建筑辅助线，有则删除。

3. 解除所有冻结的物体

在视图中单击鼠标右键，在弹出的快捷菜单中选择 Unfreeze All（全部解冻）命令，显示所有被冻结的物体。检查场景中是否还有遗忘的被冻结的 CAD 线及其他建筑辅助线，有则删除，如图 4.65 所示。

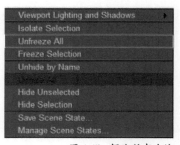

图 4.65 解除所有冻结

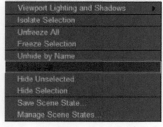

图 4.64 取消所有隐藏

4. 打开所有组，删除全部没有用的物体

选择 Group→Un group（组→解组）命令。减少"组"物体，节约内存空间。这里有可能是多次解组，需要多次重复（组→解组）命令，直到 Un group（解组）变成灰色，证明全部组物体都被解开。

5. 删除层里面没有用的图层

单击 Main Toolbar（工具栏）上的 Layer Manager（层管理器）按钮，在弹出的 Layer Manager（层管理器）面板上，选择建模时遗留下来的空层，单击 Delete Highlighted Empty Layers（删除高亮空层）按钮将其删除，如图 4.66 所示。

图 4.66　删除空图层

6. 同材质的塌陷成一个物体

可用"场景助手"插件。场景助手插件是一款建筑动画师常用的整理场景的插件，对于清理场景里的废物体、精简整理模型、查找材质贴图等很有帮助。场景助手是帮助建筑动画师提高工作效率、简化工作的有利帮手。

单击（按材质塌陷（选择））按钮，选择要塌陷的同材质物体，将其塌陷。注意，这里塌陷操作后将不能后退，所以塌陷前记得先存盘，如图 4.67 所示。

图 4.67　场景助手

7. 所有实体塌陷成 Mesh 物体

在视图中单击鼠标右键，在弹出的快捷菜单中选择 Convert To→Convert To Editable Mesh（转换到→转换到可编辑网格）命令，塌陷场景内所有物体的修改器堆栈，简化场景并降低消耗，以释放内存，如图 4.68 所示。

注意:

不要将"组"物体的虚拟外壳选中塌陷。另外，塌陷后，有的新物体面数很大，也会影响内存。

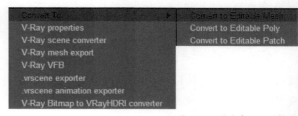

图 4.68　塌陷成 Mesh 物体

8. 删除"0"面的空物体

用"场景助手"插件，单击场景整理面板下的（选择空物体）按钮，选出"0"面的物体，并将其删除，如图 4.69 所示。

图 4.69 删除空物体

9. 删除摄像机外看不见的物体

注意，不能删除有反射、投影的物体。场景的制作和渲染快慢是由场景的面数和物体数的多少决定的。为了进一步精简场景，将摄像机中看不见的物体及多余的面数删除，将离摄像机比较远的物体精简面数。

（1）选择摄像机，选择 Edit → Object Properties（编辑→对象属性）命令，在 Object Properties（对象属性）对话框的 General（常规）面板内勾选 Trajectory（轨迹）复选框，将摄像机的轨迹显示出来，观察一下摄像机的运动轨迹，如图 4.70 所示。

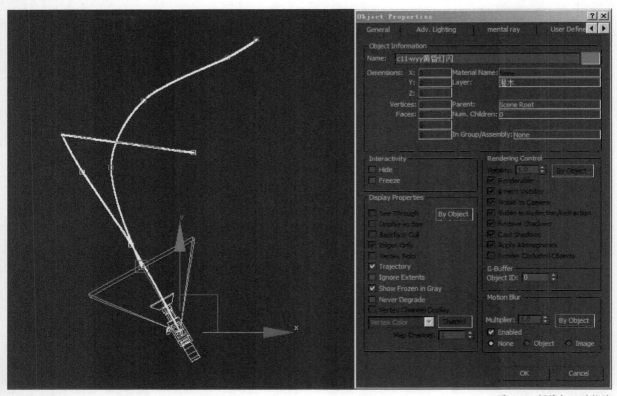

图 4.70 摄像机运动轨迹

（2）选择 Create（创建）面板，再选择 Cameras（摄像机）选项，单击其下的卷展栏中 Target（目标）按钮，在其下 Parameters（参数）卷展栏的 Environment Ranges（环境范围）中勾选 Show（显示）复选框，在 Far Range（远距范围）框中根据场景大小调整相应的数值，该数值超出场景半径即可，如图 4.71 所示。

图 4.71　摄像机范围

（3）在摄像机被选择状态下，选择 Tools → Isolate Selection（工具→孤立当前选择）命令。将摄像机孤立，在视口中显示。

（4）进入 Create（创建）面板，创建样条线。选择 Shapes（图形）下的 Splines（样条线），单击 Object Type（对象类型）卷展栏下的 Line（线形）按钮，在摄像机的起始帧与结束帧的外围建立两条样条线，命名为"界线"，如图 4.72 所示。

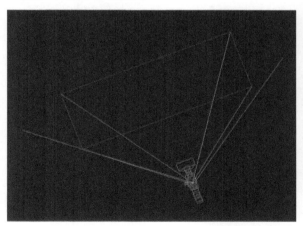

图 4.72　建立界线

（5）回到摄像机 Environment Ranges（环境范围），取消Show（显示）复选框的勾选，将Far Range（远距范围）框中的数值恢复为默认值，以免影响后面的工作。

（6）解除摄像机的孤立状态，显示所有场景物体，并隐藏摄像机。将"界线"以外的场景物体删除。注意，场景中的物体如果一部分在"界线"内，一部分在"界线"外，则应该删除该物体的子物体。在删除场景物体的过程中，应该灵活运用"孤立""隐藏"等 3ds Max 应用技巧，如图 4.73 所示。

图 4.73　删除摄像机外看不见的物体

注意：
有些物体虽然不在"界线"范围之内，但会产生玻璃反射、投影等影响。在精简场景的过程中应该做到心中有数，有选择地精简。

（7）将"界线"删除。

4.4 镜头设置

根据镜头需要，该镜头长度为 800 帧，制式为 PAL。

摄像机的确定既要考虑项目需要，还要兼顾制作难度和画面效果。本案例是常见的鸟瞰角度。表现鸟瞰一般用广角镜头。摄像机从低视角转向高视角，角度变化较大，制作有一定难度。注意，渲染时在场景布置上和灯光设置上要考虑周全，避免产生效果上的硬伤。可以人为地设置一些前景，更好地丰富画面构图，表达场景空间层次。

（1）创建摄像机，并做好摄像机的运动动画，如图 4.74~ 图 4.77 所示。

图 4.74 镜头设置 01

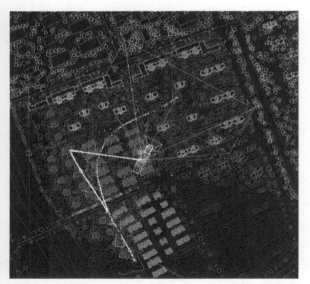

图 4.75 镜头设置 02

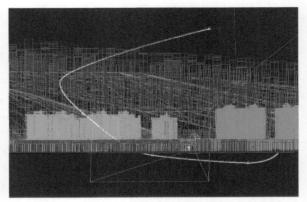

图 4.76 镜头设置 03

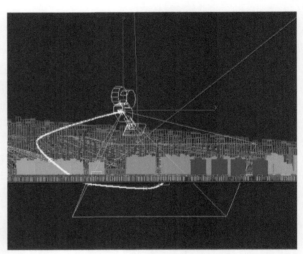

图 4.77 镜头设置 04

（2）在摄像机的属性中勾选 Trajectory（运动轨迹）复选框，这样就可以清晰地看到摄像机的运动路径，如图 4.78 所示。所有移动物体的运动轨迹都可以被查看。

图 4.78 运动轨迹

（3）调节摄像机动画曲线，打开▦面板，调出摄像机运动的曲线，选中尾帧，并设置为▦变慢。这样可以在前后两个镜头转换时有视觉过渡，不至于使前后两个镜头过渡得突然，如图 4.79 所示。

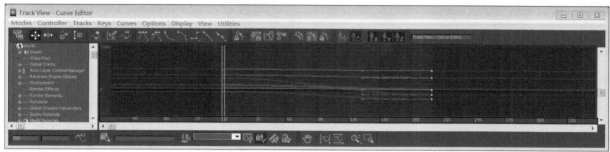

图 4.79　镜头曲线

（4）调节摄像机的 Lens（景深），使镜头符合需要，如图 4.80 所示。这里的景深就像单反相机的景深一样，数值越小，镜头越广。

图 4.80　镜头参数

（5）单击▦，在弹出的对话框中，选择 PAL 单选按钮，并将 FPS 改为 25 帧。一般建筑动画中都使用 PAL 制，如图 4.81 所示。

图 4.81　PAL 制

4.5　天空的设置与灯光的调整

本案例是住宅鸟瞰的日景表现。鸟瞰中天空所占的比例较小，但是要注意鸟瞰中天际线的处理，加上雾的效果，增加画面的空间感。

可以把此场景想象成静物素描，灯光打下来，画面主体要有黑白灰的关系，即建筑的明暗面要分开，就像瓷器要有黑白灰的立体效果。建筑主体和地面之间要有阴影的立体空间关系，即建筑在地面上的阴影会支撑建筑，在地面上形成空间感，就像静物在桌面上的投影，使静物和桌面分开。建筑的阴影长度要与时间段的特征匹配，白天的阴影是短而实的，清晨和黄昏的阴影是长的且阴影边界是虚的。建筑和树与景观之间有不同材质的明暗关系，就像静物素描的瓷器和蔬菜、水果的明暗对比、质感对比，如图 4.82~图 4.87 所示。

图 4.82　静物素描

图 4.83　天空的设定 01

图 4.84　天空的设定 02

图 4.85　天空的设定 03

图 4.86　天空的设定 04

图 4.87　天空的设定 05

4.5.1 天空的设定

建筑动画表现中，天空、建筑和地面是构成画面的主要成员，也是体现空间感和尺度感的主要元素。它们既是相辅相成的，又是彼此分离的。就像画画一样，前期把各元素的空间感和色调处理好，画面的大感觉就基本出来了。由于是鸟瞰镜头，所以天空在画面中所占的比例不大，远处雾的效果和天际线要处理好，既要符合画面空间感，又要清晰、有层次感。注意上下左右的明暗和冷暖渐变，更要注意天空亮的地方一定是阳光所在地，切忌出现阳光方向是天空的暗部，或者强烈光线下出现黄昏的天空，这种低级错误。

首先，明确天空的基调，建筑动画中常用"球天"模拟天空，就是通过一张天空贴图贴在半球的模型上，来模仿远处的天空，这是常用的表现方法。

（1）单击 Create(创建)面板下 Geometry(几何体) 按钮，在 Object Type (对象类型) 展卷类型中单击 Sphere（球体）按钮，在 Top（顶）视图中根据场景需要创建一个球体，如图 4.88 所示。

图 4.88　创建天空

（2）在视图内单击鼠标右键，选择 Convert To→Convert To Editable Mesh（转换为→转换为可编辑网格）命令，将球体塌陷为可编辑网格物体，如图4.89所示。

（5）单击工具栏上的 Material Editor（材质编辑器）按钮，在弹出的对话框中选择一个空材质球并命名为 SKY，在 Shader Basic Parameters（阴影基本参数）卷展栏中选择 Blinn 阴影方式，并勾选 2-Sided（双面）复选框，如图4.92所示。

图4.92　天空的设定04

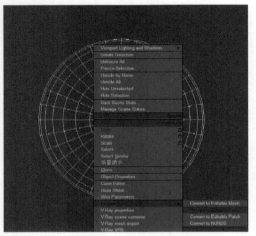

图4.89　天空的设定01

（3）切换到 Front（前视图）选择球体，进入 Modify（修改）面板，在 Selection（卷展栏）中选择 Polygon（多边形）按钮，然后选择球体下半部分的多边形，按 Delete 键将其删除，如图4.90所示。

（6）单击 Material Editor（材质编辑器）按钮，单击 Maps（贴图）卷展栏中的 Diffuse Color（漫反射颜色）按钮，为球天指定贴图。再回到 Blinn Basic Parameters（明暗期基本参数）卷展栏中，将 Self-Illumination（自发光）中 Color（颜色）和 Opacity（不透明度）的数值设置为100。将 SKY 材质赋予球体，并关闭材质编辑器，如图4.93和图4.94所示。

图4.93　天空的设定05

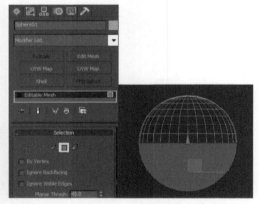

图4.90　天空的设定02

（4）在半球体上单击鼠标右键，选择 Scale（缩放）命令，在前视图沿着 y 轴缩放半球高度，将半球体适当压扁些，将球体更名为 SKY，如图4.91所示。

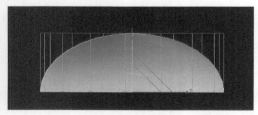

图4.91　天空的设定03

图4.94　天空的设定06

（7）单击修改按钮，从 Modifier List（修改器列表）中选择 UVW MAP（UVW贴图）为球体加上贴图坐标修改器。

进入 Gizmo 子层级，将贴图坐标方式指定为 Cylindrical（圆柱形）同时单击 Fit（适配）按钮，将天空贴图适配到球天，如图 4.95 所示。

（8）选择球体，单击鼠标右键，在 Object Properties（对象属性）对话框的 General（常规）选项卡中，取消 Receive Shadows（接收阴影）和 Cast Shadows（投射阴影）复选框的勾选。在 VRay Properties（VRay 属性）对话框中，取消 Generate GI（产生 GI）、Receive GI（接收 GI）和 Visible to GI（看见 GI）复选框的勾选，如图 4.96 所示。

图 4.95　天空的设定 07

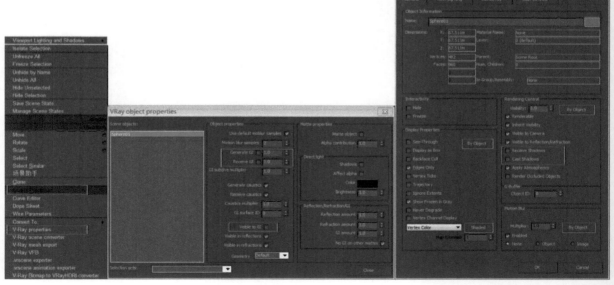

图 4.96　设置"球天"的基本属性

（9）渲染摄像机视图，观察渲染效果，可能需要多次调整，才能达到满意效果，如图 4.97 和图 4.98 所示。

图 4.97　"球天"模型 01

图 4.98　"球天"模型 02

4.5.2　灯光测试

用一个基本材质球可以测试灯光亮度、颜色、方位和阴影等，从而确定场景的明暗和空间关系。根据确定好的光线效果再进行下一步的材质调节，会起到事半功倍的效果。

打开 VRay（VRay）面板，在 Global switches（全局开关控制器）卷展栏中勾选 Override mtl（代理材质）复选框，代理材质是一个默认标准材质，将颜色调为灰色（200 左右）。把材质球拖到 Override mtl（代理材质）中，这样场景中的所有物体都将使用该材质，如图 4.99 所示。

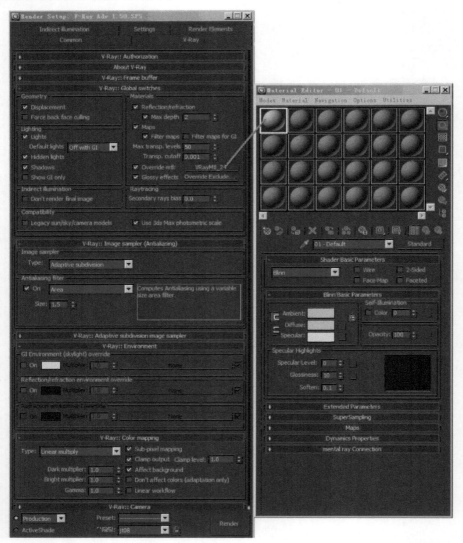

图 4.99　代理材质

117

4.5.3 灯光的调整

动画师接到镜头后，会有模型文件和制作要求（或是策划脚本），项目负责人会分析整个项目背景和制作基调，告知每个镜头是做什么时间段的。动画师要按照项目镜头的要求制作灯光。

1. 用 VRaySun 制作太阳光主光源

（1）进入 Great（创建）面板，单击 Lights（灯光）按钮，在 VRay（VRay 光）下，单击 VRaySun（VRay 阳光）按钮，在顶视图中创建 VRay 阳光，如图 4.100~ 图 4.102 所示。

图 4.100　VRaySun

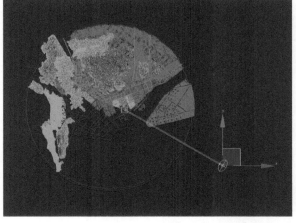

图 4.101　顶视图 VRaySun

注意：

从顶视图看，太阳光一般离建筑物比较远，这与现实生活一样，太阳离地球是很远的。

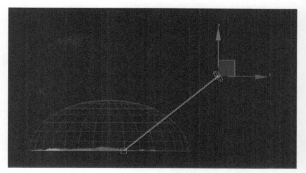

图 4.102　前视图 VRaySun

注意：

在高度上，黄昏时段太阳已经要下山了，所以高度不会很高。

（2）在弹出的 V-RaySky 提示框中单击否（N）按钮。即 VRaySun 和 V-Ray sky 分别具有单独的数值，如图 4.103 和图 4.104 所示。

图 4.103　不关联 VRaySun

图 4.104　VRaySun 参数

注意：

具体参数，要根据实际项目调节，这里只做参考。

- 勾选 enadled 复选框，开启面光源。
- turbidity，大气的混浊度，本案例设置为 3.0。
- intensity multiplier，阳光强度，本案例设置为 0.02。

上面的经验值和解释只针对 3d Max 相机，对于 VR 相机来说就不适用了。

2. 用背景颜色制作天空光

天空光也就是环境光，主要是在自然环境下的光，比如，阴天时我们看到的光。阴天时的光线比较柔和，可以用背景颜色控制天空光，也可以用渲染面板中的环境光控制天空光。它们性质相似，只是渲染面板中的环境光能够调节强度，而用背景颜色控制的不能调节强度。

（1）打开 Rendering（渲染）卷展栏，选择 Environment（环境）选项，如图 4.105 所示。

图 4.105 环境光

（2）在 Environment（环境）面板中调节 Color（颜色），Color 越白，天空光越亮；反之 Color 越黑，天空光越暗，如图 4.106 所示。这个效果类似于 VRay Render（VRay 渲染器）面板中 VRay Environment（环境光）的效果，如图 4.107 所示。

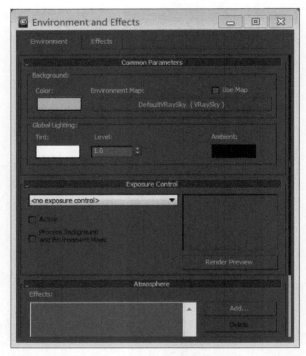

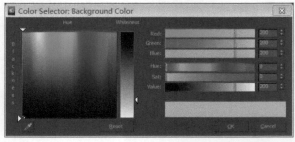

图 4.106 天空光 01

注意：

用背景颜色控制环境亮度，会使整体效果显得更干净。

图 4.107 天空光 02

4.6 动画场景的细化

建筑动画和效果图不同，建筑动画的场景在前期就要布置好。目前，主要使用代理模型制作场景，鸟瞰场景的模型有大树、路灯、汽车和小品等，场景细化前后的效果如图 4.108~ 图 4.111 所示。

图 4.108 场景细化前 01

图 4.109 场景细化前 02

图 4.110 场景细化后 01

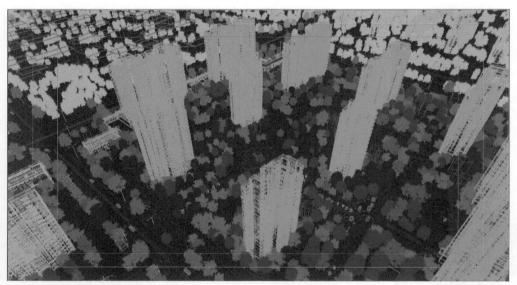

图 4.111 场景细化后 02

4.6.1 场景树

　　场景树以绿色为主，可以选择不同的绿色植物。按照鸟瞰画面从上到下的空间关系，选择的植物主要是行道树，一般有棕榈树、松树和柳树等，除在颜色上可以调节不同的绿色，还可以在形状上选择不同的树形，来丰富画面空间。

　　用种树插件种树，可以提高工作效率。

　　选择一个需要大面积种植的代理树，单击选择植物按钮，再单击大面积种树按钮，在场景中拖曳鼠标指针，大面积的树就种出来了。种完树后记得对树进行旋转、缩放等操作，因为自然界中没有完全一样的植物。最后，看一下植物是不是都在草地上，不要飘在天空中。

　　用 BOX 显示场景树会提高操作速度，如图 4.112~ 图 4.115 所示。

图 4.112　树模型

图 4.113　种树插件

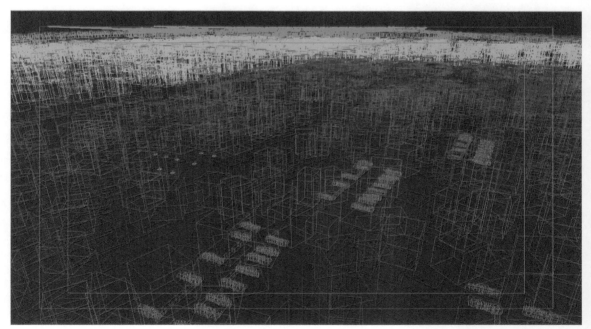

图 4.114　种完的代理树 01

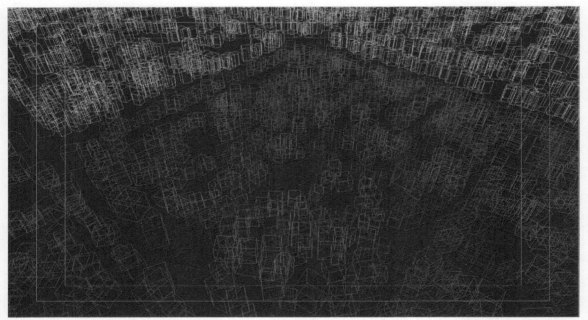

图 4.115　种完的代理树 02

4.6.2　场景远处的树

前面讲了增加植物的方法，在前景、中景和远景分别增加不同类型的树。为了节省系统资源，远景的树可以使用简模树或片树等。

1. 远处树用 MultiScatter 插件种

进入 Create（创建）面板，单击 Geometry（几何体）按钮，在 Geometry（几何体）的下拉菜单中选择 MultiScatter 选项，单击 Multi Scatter 按钮。在场景中创建 MultiScatter。进入修改面板，单击添加 ██████ 按钮，添加要种的植物。在 by Surface/Spline（拾取面/线）中拾取要种树的地形，单击地形。这样植物就种在地形上了，如图 4.116 所示。

2. 用 Forest 插件种树

用 Forest 种树后记得要塌陷成 Mesh 物体，如图 4.117 和图 4.118 所示。

（1）进入 Create（创建）面板，单击 Geometry（几何体）按钮，单击卷展栏边上的小三角按钮，在下拉菜单中选择 Itoo Software 选项。

（2）进入更换的选择界面并单击 Forest Pro 按钮，单击视图内事先勾画好的草地边缘样条线，样条线范围内就生成了 Forest 物体。

（3）进入 Modify（修改）面板，调整相应的参数。

3.Forest 常用参数设置

进入修改面板，这里列出了修改面板的所有内容，种植

图 4.116　MultiScatter 插件

面积的修改一般从以下几个参数进行调整：几何体、区域、分布图、变换等，在使用的过程中自由度非常高，下面逐项解释。

（1）Geometry（几何体）用于设置产生树木的类型，可以是单片树也可以是十字片树。我们看到几何体修改面板里面主要是单个植物的模板选择，2D 形式贴出的植物渲染速度更快，一般有 1~4 个平面模板可以选择，还可以调整单个植物的宽度和高度。

（2）Areas（区域）是限定树林的边界的，创建一个样线条，加载一种模型，在 Include（包含）下单击 pick（拾取）选项，并选取样线条，样线条分布了树木。选择 Exclude（排除）选项，这里我们把不需要的区域排除掉，区域内的比例大小是控制区域内植物的分布情况，比例值越小，树木越密集。

（3）Distribution Map（分布图）决定了树在边界中的具体分布，在 Bitmap 位图的下拉菜单中选择树的单元分布图，有组团式、分散式、阵列式、自定义等（上面有缩略图，很直观，白点表示树），Size 为分布单元的尺寸，在屏幕中每四个橘色的十字，标出一个分布单元，Tree Separation 决定树间的最小间距。

（4）Transform（变换），使树产生一些随机的变化，如：Translation（平移）、Rotation（旋转）、Scale（比例），其中，最常用的 Scale（比例），可以随机改变树的大小，以上的随机变化都有可调节的最大值和最小值的限制。

（5）Surface（曲面），控制树在山坡上的种植，用 pick 选取山的模型。

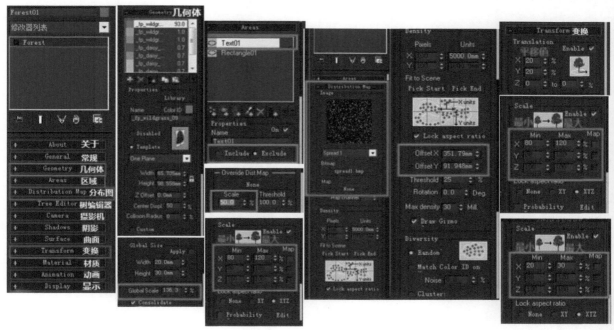

图 4.117　Forest 插件

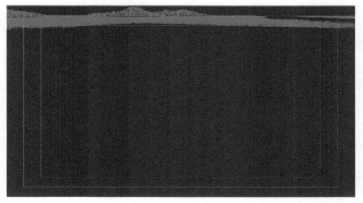

图 4.118　Forest 塌陷成 Mesh 物体

4.6.3 场景车

（1）先做好马路上车的运动轨迹，通常可以提取马路模型面上的线来处理运动轨迹。

注意：

在有高差的马路上，汽车不要飞起来。

（2）合并汽车模型，使用复制粘贴物体插件，如图4.119所示。选择合并进来的汽车模型，用摆车插件选择车流线，如图4.120所示。选择之前做好的汽车运动轨迹，汽车立刻就按照运动轨迹运动了，如图4.121和图4.122所示。

注意：

汽车的运动方向要符合实际的交通规则。

（3）摆完汽车后，用曲线来调节汽车的速度，不要让汽车看起来像飞起来一样。可以将汽车属性改为BOX显示，来提高操作速度，如图4.123所示。

汽车模型，一般在鸟瞰图中使用简模汽车，根据路网，制作汽车的行驶轨迹，然后把汽车绑定在路径上，让其在路径上行驶。如果是人视角度，或者是汽车特写镜头，就要使用精模汽车，汽车在行驶中四个车轮是运动的。

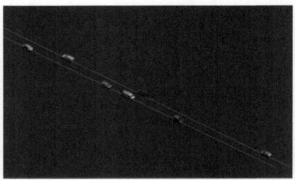

图 4.121　简模汽车模型

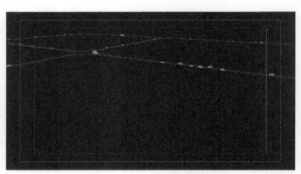

图 4.122　摆好的代理车

图 4.119　复制粘贴物体插件

图 4.120　摆车插件

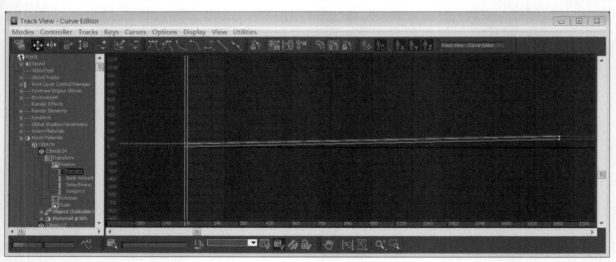

图 4.123　曲线

4.6.4 场景路灯

路灯要选择精致好看的，路灯的高度和间距也要根据不同的场景来调整。路灯的摆放和行道树的摆放一样，先在马路沿做好路灯的路径，选择■选项，弹出 Spacing Tool（间隔工具）对话框。选择路灯模型，单击 Pick Path（拾取路径）按钮，拾取路灯路径。根据场景调节路灯数量，还要注意路灯的方向，如图 4.124 和图 4.125 所示。

图 4.124 拾取路径

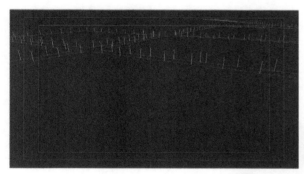

图 4.125 路灯

所有场景摆放完成后，为了增加渲染速度，代理物体应全部为 BOX 显示。另外，为了方便选取同类物体，经常把同类物体的线框颜色改为一样的。例如，前景主楼全部设置为一种颜色，地形设置为一种颜色，相同代理的树为一种颜色，汽车为一种颜色，等等。这样选取一类物体时，可以直接使用颜色选择工具，以提高效率。

4.7 最终渲染设定

建筑动画跟效果图的不同之处还在于渲染参数的调整，有时为了提高渲染速度，会为动画找到更合适的参数。

并且有一个光子文件需要先渲染，然后才能渲染动画成品。

最终渲染设置是在渲染面板上进行的，单击主工具栏的渲染器图标██，进行设置。

动画制作过程中要不断地测试渲染，观察效果，但是每次测试不可能把参数都调到最终的渲染参数，那样会很浪费时间，于是就有了渲染参数和最后出图参数的区别。

4.7.1 测试参数

为了提高制作效率，在测试渲染效果的时候不需要设置过高的参数，这样在较少的时间可以多次调整测试。

单击主工具栏的渲染器图标██，进行设置。

（1）勾选 Max depth（最大深度）复选框，并将数值改为最小值 1，可以控制场景里所有反射/折射材质的反弹次数为最少，减少计算时间，如图 4.126 所示。

图 4.126 测试参数 01

（2）打开 Image sampler（图像采样）卷展栏。在 Image sampler（图像采样）中选择 Fixed（Fixed 采样）选项。不开启 Antialiasing filter（抗锯齿过滤）功能，可以提高测试渲染速度，如图 4.127 所示。

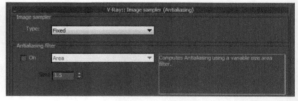

图 4.127 测试参数 02

（3）在 Indirect illumination（间接照明）卷展栏中勾选 On（开）复选框，即开启全局间接照明。

（4）在 Irradiance map（发光贴图）卷展栏中选择 Current preset（当前预设）为 Custom（自定义），将 Min Rate（最小比率）和 Max Rate（最大比率）分别改为 −4 和 −4，如图 4.128 所示。这个参数在渲染调节时速度较快，但是只能观察画面大的效果。渲染正图时，要改为较高的数值。

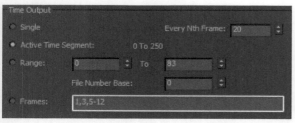

图 4.128　测试参数 03

4.7.2 光子设置

（1）选择 Render（渲染）命令，在弹出的 Common（公用）面板上的 Common Parameters（公用参数）卷展栏中，勾选 Time Output（输出大小）组中的 Active Time Segment（活动时间段）单选按钮，即动画渲染的总帧数。在 Every Nth Frame（隔帧）中输入 20，一般每隔 10~20 帧渲染动画光子，如图 4.129 所示。

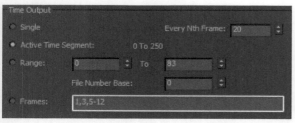

图 4.129　光子设置 01

（2）设定光子的 Output Size（渲染输出尺寸）为 500×281，如图 4.130 所示。一般光子尺寸为成图的 1/3 大小。

图 4.130　光子设置 02

注意：

渲染的光子和成图的比例是 1:3。

（3）在弹出的 VRay 面板上的 Global switches（全局开关控制器）卷展栏中勾选 Don't render final image（不渲染最终图像）复选框，VRay 只计算相应的全局光照贴图（光子贴图、灯光贴图和发光贴图），这对于提高渲染动画光子的速度很有用，如图 4.131 所示。

图 4.131　光子设置 03

（4）在 Color mapping（色彩映射）卷展栏中，勾选 Sub-pixel mapping（细分像素映射）、Clamp output（钳制输出）、Affect background（影响背景）（勾选此选择会影响 3ds Max 的背景）复选框，如图 4.132 所示。

图 4.132　光子设置 04

注意：

勾选 Color mapping（色彩映射）卷展栏中的三个选项，可以防止金属或水的高光渲出闪烁。

（5）在 Indirect illumination（间接照明）面板上的 Indirect illumination（间接照明）卷展栏中，勾选 On（开启间接照明）复选框，如图 4.133 所示。

图 4.133　光子设置 05

（6）在 Primary bounces （首次反弹）卷展栏的 GI engine （全局光引擎）中选择 Irradiance map （发光贴图）选项，如图 4.134 所示。

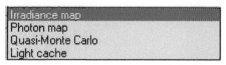

图 4.134　光子设置 06

（7）在 Secondary bounces （第二次反弹）卷展栏的 GI engine （全局光引擎）中选择 Brute force（准蒙特卡洛）选项，如图 4.135 所示。

图 4.135　光子设置 07

（8）在 Irradiance map （发光贴图）卷展栏中的 Current presets （内置级别预定）组中选择 Very low （非常低），或者根据场景和渲染时间选择别的参数，如图 4.136 所示。

图 4.136　光子设置 08

注意：

一般光子用 -3、-2，但是也要根据场景大小和时间不同进行相应调整。

（9）选择 Incremental add to current map（增量添加到当前帧）选项，在这种情况下，VRay 基于前一帧的图像来计算当前帧的光照贴图。VRay 会估计哪些地方需要新的全局照明采样，然后将它们加到前一幅光照贴图中（对于第一帧，先前的光照贴图可以是先前最后一次渲染留下的图像）。VRay 将使用内存中已存在的贴图，仅在某些没有足够细节的地方进行优化，如图 4.137 所示。

图 4.137　光子设置 09

4.7.3　成图设置

（1）选择 Render（渲染）命令，在弹出的 Common（公用）面板上的 Common Parameters（公用参数）卷展栏中，勾选 Time Output（输出大小）组中的 Active Time Segment（活动时间段）单选按钮，即渲染动画总帧数，在 Every Nth Frame（隔帧）输入 1，如图 4.138 所示。

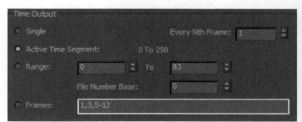

图 4.138　成图设置 01

（2）设定成图的 Output Size（渲染输出尺寸）为 1280×720 高清视频尺寸，如图 4.139 所示。

图 4.139　成图设置 02

（3）在 Output（渲染输出路径）设置渲染出的序列帧存放的路径。注意，一般应存为 TGA 格式，如图 4.140 所示。

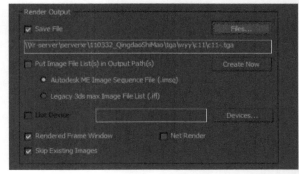

图 4.140　成图设置 03

（4）在弹出的 VRay（VRay）面板上的 Global switches（全局开关控制器）展卷栏中取消 Don't render final image（不渲染最终图像）复选框的勾选，如图 4.141 所示。

图 4.141　成图设置 04

（5）打开 Image Sampler（图像采样）卷展栏。在 Image Sampler（图像采样）中选择 Adaptive DMC（适配准蒙特卡罗采样）选项，一种简单的较高级的采样，图像中的像素首先采样较少的采样数目，然后对某些像素进行高级采样以提高图像质量。在 Antialiasing filter（抗锯齿过滤）中勾选 Catmull-Rom（具有轻微边缘增强效果的 25 像素重组过滤器）复选框，会使图像更清晰、更干净，几乎看不出模糊的效果。如果动画渲染不动或锐利的东西太多，可以用 Area（面域）提高渲染速度，如图 4.142 所示。

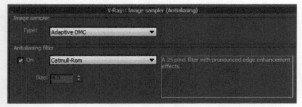

图 4.142　成图设置 05

注意：
抗锯齿的设置根据项目尺寸不同，应做相应调整。

（6）选择 From file（来自文件）选项，从文件读取光子贴图进行渲染计算，如图 4.143 所示。

图 4.143　成图设置 06

注意：
调用光子进行成图渲染。

4.8　本章总结

　　本章重点讲了美术基本功里的光影关系、色彩关系和空间关系，通过三维和平面的对比介绍了制作三维时应该注意的事项。

　　动画师只有在了解了美术的基本知识之后，才能知道往什么方向去做；只有在掌握了美术的基本知识之后，才有可能进行最优参数的搭配。而最优参数的搭配是一种经验，它没有固定参数，也没有现成的答案，每个人凭自己的经验和才能来进行制作。

　　我教给大家的，是这样的一套方法，别人可能还有另外一套制作方法。注意，我强调的一个特点，我不只告诉动画师具体这个镜头该怎么做，还要让动画师学会一种方法——进行最优参数搭配的方法。你掌握了这种方法之后，你的最优参数的搭配可能会更好。

第 5 章
模型
——长镜头

5.1 模型概述

　　三维空间中的点，作为模型的顶点。顶点形成三角形，三角形或其表面形成用于照明或合成所需的多边形。这就是建筑动画的基础，需要一个用于照明的表面或体积。

　　做建筑动画的动画师必备的基础条件就是会做基础的模型。基础模型制作得好，会在调整、细化场景时，尤其是对细节的刻画时，起到事半功倍的效果。很多动画师刚拿到场景后，就迫不及待地开始了灯光和材质的调节，直到看到粗糙的效果才意识到需要对模型进行细化，等到模型细化完，又要根据新的场景再次调整灯光和材质，这样就是重复劳动，降低了效率。

5.1.1 模型和模型细节

　　模型跟观察的角度有关。在实际工作中，模型就是从相机的角度被看到的，如果是静帧的效果图，它就是一个在固定位置的固定模型；如果是制作一个镜头，它就是序列帧。

　　当想得到一个真实的结果时，必须注意，在真实的世界中不存在所谓的数学式完美边界的东西，当两个一模一样的表面垂直放置的时候，很明显会交错在一起。但是，当我们使用显微镜观察真实世界时，会发现物体表面从来都不是平整的，甚至那些向同一角度聚集的表面也一样。

　　模型的细分越高，得到的渲染越细致。几何体能够让图像更加逼真，并且能够在由明到暗的转换部分，或者是从反射性表面到不光滑表面的转换区域增加更多的细节，因此也能提供给我们一层加强的小细节。不过，模型面数超过特定的限制是没有意义的，我们看到细节的多少与相机的角度有关，因为图片是由像素决定的，所以，动画师应控制模型的细节量，而不是一味追求高精度模型，否则会事倍功半，如图 5.1 所示。

图 5.1　过于追求高精度

　　模型的制作和细节的慎重筛选是制作的第一步。细节的多少造成的差异会非常大，尽管大多数模型空间结构并不像我们在自然界发现的有机体造型那样复杂，如植物、动物和矿物质等。但它们都是被相对复杂的几何体所控制的。

　　实现一个特定的结构有好几种不同的方法，动画师需要根据自己熟悉的东西决定使用哪种建模技术与方法。最好是从造型的粗糙轮廓开始制作，然后再在制作过程中来调整和细分它们，就像画素描一样，先画一个大体轮廓，再在轮廓内增加具体细节。这是最省时间的方法，它能极大地节省建模的时间，并得到相对比较灵活的结果，这些结果能被轻易地用于以后对空间的编辑过程。从一个基本造型开始建模，建立模型的体积，并且呈现了空间的主体结构，然后在这个基础上制作，重新调整结构，并对这个空间的细节进行细致的修饰，如图 5.2~图 5.5 所示。

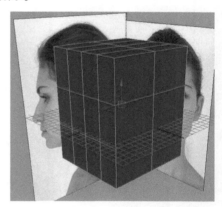

图 5.2　模型制作 01

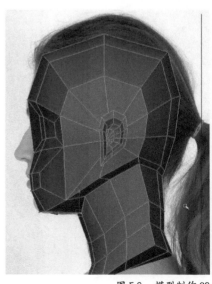

图 5.3　模型制作 02

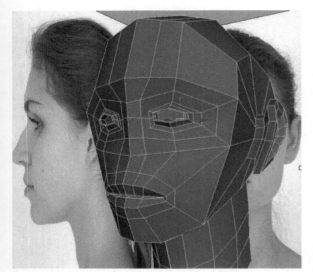

图 5.4　模型制作 03

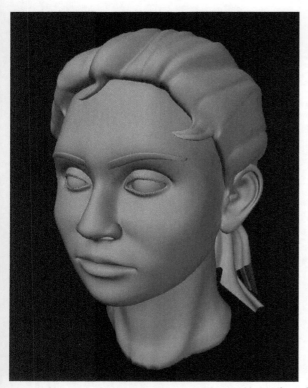

图 5.5　模型制作 04

字化的产物，一点都不像一个特定建筑物的实际照片。要制作最终的建筑动画，需要将数千个物理细节放在一起。拍摄一张实景照片，仔细观察细节，然后与渲染的作品进行对比，会发现近景草坪的差异、商业街招牌广告的造型、地板的不完美、结构的分层及窗户的角落等一系列细节的不同。这些细节造成了渲染图像和真实照片的不同，如图 5.6 所示。

图 5.6　细节丰富

　　建筑动画包含多少细节，有多少元素都是由动画师决定的，我们希望得到的真实效果和这些细节量成正比。所以应多观察真实物体，多去拍照，甚至去手绘，而不是一味地研究软件的参数。

5.1.2　优化模型

　　如果一个场景有很多贴图和代理，或者一些贴图的精度很高，那么渲染输出高质量的图片时，是很难优化内存的使用的，而渲染是非常消耗内存的。通常，如果渲染高分辨率的单帧，会在靠近相机的元素上，或者使用一个 360° 的天空贴图时，使用非常高分辨率的贴图。因此在建模阶段制作场景的时候就要考虑优化模型。

　　VRay Displacement Mod（VRay 置换修改器）与 VRay Proxy（VRay 代理）是两种常用在动画场景中优化多个模型或细化模型的解决方案。

1.VRay 置换修改器

　　Bump Mapping（凹凸贴图）与 Normal Mapping（法线贴图）是用在模型上模拟凹凸效果的明暗度算法，但很多时候它们不能在图片中提供给我们想要的精度与细节。根据细节，可以细分模型表面的网格，并且使用灰度图像来置换它。但是为了得到很好的细节，就需要大

　　建筑动画可以理解为雕塑与灯光的艺术，很多时候，当我们渲染一个相对简单的结构时，得到的结果很难称得上是真实的，因为我们常常忘记把真实世界中不可见的细节添加到建筑动画中。所以，通过使用简单的几何体造型，并正确地调整光线，能精确地表现一个建筑物。

　　一个完整的建筑作品的视觉效果是通过无数微小的细节加强的，这些细节分布在整个表面。第一眼看上去的时候，或许会觉得一个图像看起来很明显就是一个数

量的细分网格，以至于不得不处理夸张的内存使用量，并且不得不在 3ds Max 视图中操作一个极端复杂的场景，因而降低了工作效率。

VRay Displacement Mod（VRay 置换修改器）在建筑场景中是非常有用的，可以用于毛绒地毯、墙壁、草地等。

尽管置换模式在概念上类似于凹凸贴图，但是，它并非只是一个阴暗度或渲染特效，它是真的编辑了模型的表面，添加了大量细节，它是基于高精度贴图的，在一个细分的模型上使用真实的置换所需要使用的内存很少，并且模型中可将模型的表面保持为原始的状态。

在制作近景时使用模型可以营造光影的真实感，远处使用高精度贴图或置换模式，既节省了渲染时间，还节省了内存。图 5.7 的左边是模型草，右边是草贴图效果。

图 5.7　模型草和草贴图

每种 VRay Displacement Mod 都是应用到不同的模型上的，即使是处理相同修改器的关联复制模型，它们都会在渲染时对置换进行预取样的时候被独立计算出来。这是一个需要使用内存的过程，并且会将整个处理拖慢。建议在出图前，将所有的模型塌陷为一个物体，让它们使用相同的材质、UV 坐标和 VRay Displacement Mod，从而减少渲染的时间。

2.VRay Proxy（VRay 代理关联复制）

就像 VRay 官方手册中定义的那样：VRay Proxy 仅允许在渲染时从外部 Mesh 中导入几何体。这些几何体不会出现在 3ds Max 场景中，也不会占用任何资源。这样就允许渲染一个 3ds Max 本身无法处理的有上万面数的场景。这个非常规运用的工具为我们的工作带来了质与量的提升，允许我们在几乎不影响计算机硬件资源的情况下渲染多边形数量惊人的场景。

VRay Proxy 的灵活性体现在我们可塌陷多个模型到一个 VRay Proxy 中，并且将以前的动画应用到这个模型上，还

可以将不同的材质应用到一个 VRay Proxy 中，并且让它们引用一个相同的资源。毫无疑问它是建筑动画行业中的重大改进，特别是在植物的渲染中。

虽然这种原生几何体能被用于处理许多运动，例如移动、旋转和缩放，但是这种方式生成的几何体是不可编辑的，任何应用在它上面的修改器都会被忽略掉。所以在做代理前，应该先编辑好模型。

5.1.3 工作技巧

很多新动画师刚开始工作时，不知道要怎么下手，经常下载很多教程，硬盘装得满满的。我的建议是去临摹，看一看别人的场景是怎么做的。本书讲解的案例全部是实际项目的场景，把案例自己做一遍，对比一下，如果能做到差不多的效果，基本功就算过关了。当然，如果做出的效果更好，欢迎与我交流。

我教给大家的是制作思路，不只告诉动画师具体的镜头该怎么做，还要让你知道为什么这么做。你要知道怎样进行最优参数的搭配，能节省时间，提高效率。这个方法可能是一个规律性的东西，掌握了这个方法之后，你做的动画效果会更好，并且工作效率会更高。

1. 随机操作

现实世界是非常复杂的，近距离观察我们周围的环境，是很重要的。一个场景包含现实世界的各种元素模型，由不同的元素模型创建的，这种组成一个场景的元素的变化能在两个阶段被制作出来，首先是建模阶段，其次是纹理处理阶段。

在建模阶段，所有杂乱的变化都是与场景中不同元素的变化（移动、旋转和缩放）相关的，并且能够使用随机脚本与功能来实现。在现实生活中，建筑外墙的玻璃或地面上相同大小的木地板，不论它们的空间变化多小，旋转多微弱，或者连续的类似模型的尺寸的改变多么不起眼，都会影响图像的最终结果，这种杂乱会让建筑动画获得一个更加真实的效果，如图 5.8 所示。

图 5.8　通过杂乱获得真实的效果

通常，随机操作就是这个阶段最终处理过程的一个，它在测试与完成场景之后增加了很多随机的杂乱，使建筑动画获得一个更加真实的效果。

2. 模型库的合理使用

时间就是金钱，我们可以把在特定案例中节省的时间用于其他一些更具创造性的工作。例如，材质贴图的精细调整、光线的调整等。网上有各种各样的模型库，为我们的模型制作阶段节省了大量时间。平时应注意多加积累，收集整理自己的素材库，以提高工作效率。常用的模型库有 Evermotion Archmodels、Design Connected 和 Turbosquid。除非是为一个特定的物体建模，大多数时候，我们已经不需要在模型细节上花费太多的时间，而是要关心整个场景的制作。

5.2　案例背景分析

本项目是一个高档商业住宅。小区内的园林绿化和景观构建了一个雅致的居住环境。根据项目特点，在制作中重点表现景观的雅致韵味，以及建筑与自然的融合。

由 3 台相机合而为一的长镜头，其中景观的刻画是表现的重点。水在建筑动画中是动态的元素，也是容易出彩的元素。另外，场景的搭配也是使镜头出彩的元素之一，就像画画一样，近景、中景、远景能把画面的远近层次拉开，天空、建筑、地面把画面的上中下的层次分开，深色树木、浅色建筑、亮色水系把场景的颜色层次分开，最终渲染文件如图 5.9～图 5.20 所示。

图 5.9　长镜头 01

图 5.14　长镜头 06

图 5.10　长镜头 02

图 5.15　长镜头 07

图 5.11　长镜头 03

图 5.16　长镜头 08

图 5.12　长镜头 04

图 5.17　长镜头 09

图 5.13　长镜头 05

图 5.18　长镜头 10

图 5.19　长镜头 11　　　　　　　　　　　　　　　　　　　　　图 5.20　长镜头 12

5.3　模型的整理

长镜头由于时间长、模型面多，因此场景模型的整理尤其重要，这是做每个动画场景不可缺少的必要工作。分为模型面数、物体个数、材质贴图和路径整理等几个步骤。

5.3.1　模型的整理

鸟瞰场景比较大，在整理模型前，先选择 File → Summary Info（文件→摘要信息）菜单命令，在弹出的 Summary Info（摘要信息）面板中可以看见当前场景的统计信息。我们主要关注 Objects（对象）和 Faces（面数）两项参数。Objects（对象）显示的是场景中所有网格物体的总数，Faces（面数）显示的是场景中所有网络物体面数的总和。这两项参数过高会直接影响场景制作时的操作速度及最终渲染总时间。所以，要求在模型阶段有很好的控制，有效减少网格物体数和总面数，特别是在制作长镜头时，尤其重要，如图 5.21 所示。

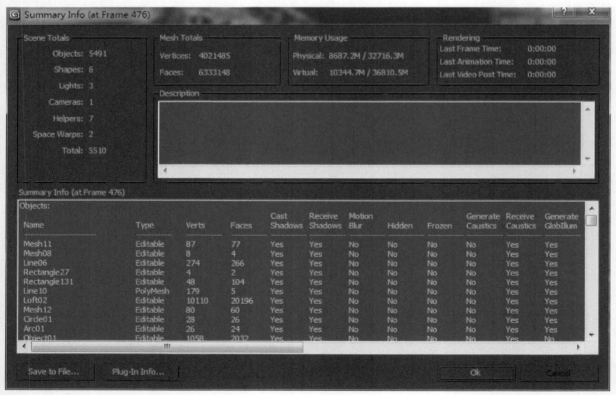

图 5.21　模型的整理

5.3.2 材质贴图的整理

场景模型的初始状态通常带有大量材质，包括同名材质和相似材质，这会使渲染调节变得难以控制，同时也会产生很大的文件量，影响操作速度，应该整理、精简。

查看材质信息。单击主工具栏中的 Material Editor（材质编辑器）按钮，在弹出的材质编辑器窗口单击 Get Material（获取材质）按钮，在弹出的 Material/Map Browser（材质/贴图浏览器）窗口中选择 Scene Materials（场景材质）选项，便可以显示所有场景中使用的材质。

对场景进行同类和同名材质的合并整理后，材质球数量减少，种类更加清晰明了，如图 5.22 所示。

图 5.22 材质贴图的整理 01

5.3.3 整理贴图代理路径

贴图和代理是 3ds Max 文件的一部分，制作前找齐贴图和代理文件，并且拷贝到自己的电脑上，能够帮助动画师提高工作效率，并防止因为网络问题导致的渲染速度慢或场景文件损坏的情况。有的场景渲染很慢，最后检查发现场景没有任何问题，而是路径在网络上。在

制作过程中，有的贴图或文件是共享的。除网络渲染外，如果在自己的电脑上渲染，就要把文件全部拷贝到自己的电脑上，以提高渲染速度，避免出现因为网络路径而浪费时间的低级错误，如图 5.23 所示。

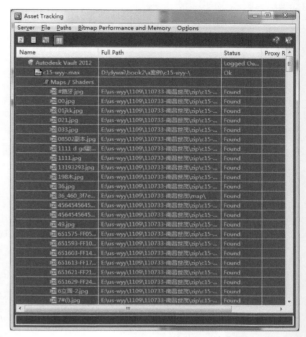

图 5.23 材质贴图的整理 02

5.4 参考图及素材的选择

在建筑动画中小区景观主要以植物为主，搭配小品、人物等元素烘托出动画的动感和灵性。有的项目景观节点会由专业的景观设计师设计，有的则需要动画师自己设计完成。制作有景观方案的场景时，要按照景观设计师提供的资料进行摆放，注意，有的植物要根据模型渲染出来的体量感进行调整，而不能一味地堆积模型。制作没有设计方案的景观时，参考资料和平时大量工作经验的积累就显得尤其重要。

素材上常用的有 Ever motion Arch models 的一系列素材，包括植物、人物、汽车、室内家具和建筑模型等，图 5.24 是一套植物素材。平时多收集整理自己的素材，是动画师必要的工作之一。

图 5.24 Ever motion Arch models

5.5 灯光的设定与调整

　　本项目是一个正常的白天效果，这里用 3ds Max 的 VRaySun（VRay 阳光）做太阳光。在建筑表现中，一般把建筑主立面作为亮面，但这是一个长镜头，要不断测试相机走向还有 360° 转头，权衡利弊后找到最适合的亮面区域，并且相机在运动时，场景的大部分时间处在阳光下。前景用树的阴影压暗地面，把画面的视觉中心引向主要表现处，突出重点，如图 5.25~ 图 5.36 所示。

图 5.25　灯光的设定 01

图 5.26　灯光的设定 02

图 5.27 灯光的设定 03

图 5.28 灯光的设定 04

图 5.29 灯光的设定 05

图 5.30 灯光的设定 06

图 5.31 灯光的设定 07

图 5.32 灯光的设定 08

图 5.33　灯光的设定 09

图 5.34　灯光的设定 10

图 5.35　灯光的设定 11

图 5.36 灯光的设定 12

5.5.1 太阳光的设定

太阳光是建筑表现动画中的主要光源，也是分开建筑明暗面的主要光线。制造好主光可以为画面的深入制作打下良好的基础。动画师开始制作场景时，一定要反复测试灯光，包括灯光的方向，以及阴影的位置、长短等。光线制作好后，就像画画铺垫好的明暗关系，接下来才能更好地刻画细节。

注意：

很多动画师喜欢先把场景全部布置完，再做灯光，这样做在没有足够控制力的时候，很容易因为场景太大，而造成操作上的困难。有的场景搭配是在灯光效果后制作的，起到美化场景灯光的作用。但是，如果制作完场景再因为灯光效果而重新调整甚至返工，往往事倍功半。

1. 创建灯光

（1）进入 Creat（创建）面板，单击 Lights（灯光）按钮，在 VRay（VRay 光）下，单击 VRaySun（VRay 阳光）按钮，在顶视图中创建 VRay 阳光，并且分别在顶视图调节灯光的方向和位置，在前视图调节灯光的高度，如图 5.37~ 图 5.39 所示。

（2）在弹出的提示框中选择否（N）选项，即分别控制 VRaySun 和 VRaysky。

图 5.37 VRaySun

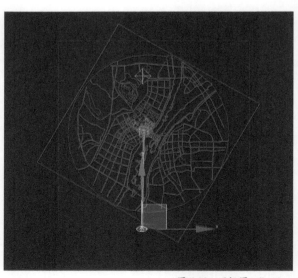

图 5.38 顶视图 VRaySun

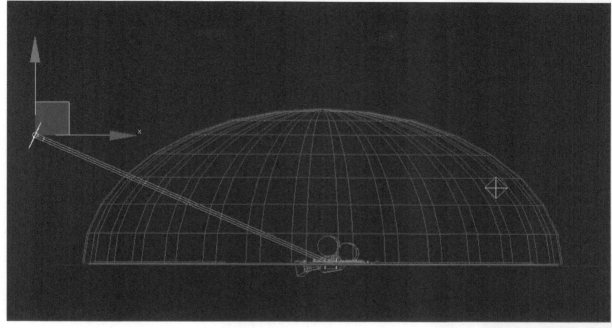

图 5.39　前视图 VRaySun

2. 调整灯光参数

VRaySun 的具体参数在前面有详细的讲解，这里只根据本案例做重点参数的讲解，可以对比理解，如图 5.40 所示。

（1）enabled 开启面光源。这里默认是勾选的。

（2）intensity multiplier，该参数比较重要，它控制着阳光的强度，数值越大阳光越强。这里设置为 0.035。

（3）turbidity，大气的混浊度，这个数值是 VRaySun 参数面板中比较重要的参数，它控制着大气混浊度的大小。为了产生暖色调，渲染气氛，这里设置为 4.5。

（4）shadow bias，阴影的偏差值，一般设置为 0，减少阴影的偏差。

图 5.40　VRaySun 参数

5.5.2 补光的设定

镜头的走向是 360° 旋转的，大场景下，光线不会像现实环境中那样完全反弹，无法做到面面俱到，这就需要我们进行补光。

1. 创建补光

进入 Creat（创建）面板，单击 Lights（灯光）按钮，在 Standard（标准）下，单击 Omni（Omni 光）按钮，在顶视图中创建 Omni 光。补光一般在主光相对的位置，高度与主光相似，经过不断调整测试最后确定补光，如图 5.41 和图 5.42 所示。

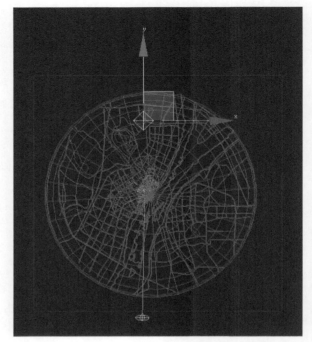

图 5.41　补光的设定 01

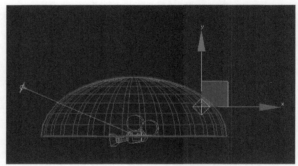

图 5.42　补光的设定 02

2. 调整补光参数

（1）不勾选"阴影"组中的复选框，如图 5.43 所示。

（2）将 Multiplier（倍增器）控制灯光强度，设置为 0.1。不能死记硬背这个参数值，应根据场景大小有所变化，场景单位的不同也是数值不同的关键因素。颜色为灯光的颜色，这里为白色。如果将灯光颜色调黑，亮度就会暗下去，效果跟调节灯光强度类似，大家可以试一试。

图 5.43　补光参数

5.5.3 环境光的设定

环境光是自然光线的光，就是阴天时我们看到的光线。白天日景的环境光一般是天蓝色的，晚上则是深蓝色的。一般环境光控制整个画面的主要色调。

打开 Rendering（渲染）卷展栏，选择 Environment（环境）选项卡。在 Environment（环境）面板中调节 Color（颜色）选项，Color 越白，天空光越亮；Color 越暗，天空光越暗。环境颜色控制环境光没有强度大小的调节，只能通过调节黑白色来调节亮暗，如图 5.44 和图 5.45 所示。

图 5.44　设置环境光 01　　　　　　　　　图 5.45　设置环境光 02

5.5.4 灯光测试

有时候用一个基本材质球测试灯光亮度、颜色、方位和阴影等。

打开 VRay 面板，在 Global switches（全局开关控制器）卷展栏中勾选 Override mtl（代理材质）复选框。代理材质就是一个默认标准材质。将颜色调为灰色（200 左右）。把材质球拖到 Override mtl（代理材质）中。这样场景中的所有物体将使用该材质，如图 5.46 所示。

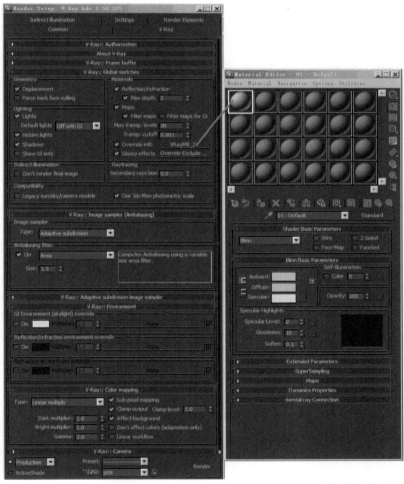

图 5.46　代理材质

5.6 场景材质及贴图的精细调整

　　建筑动画中玻璃和水的材质是最能体现画面效果的因素，常常也是点睛之笔，是建筑动画中材质调节的亮点和难点，也是本案例主要讲解的材质。制作玻璃材质时要注意它的反射和质感的表现，注意硬度的调节。制作水的材质时要注意水的反射和波纹，细腻的波纹是水景常用的表现方法。增加水底模型来模拟水底的沙石，是近景常用的水的表现方法，如图 5.47 所示。

图 5.47　水的表现

5.6.1 水的材质

　　水的材质受环境影响比较大，水会随着风而形成动画效果，这是体现建筑动画灵性的要素之一。水的材质的设置效果和设置界面分别如图 5.48 和图 5.49 所示。

　　（1）单击主工具栏中的 ▩ Material Editor（材质编辑器）按钮，打开材质编辑器窗口。单击 ▩ Get Material（获取材质）按钮，在弹出的 Material/Map Browser（材质/贴图浏览器）窗口左栏中选择 Selected（选定对象）选项，在右栏显示所选模型使用的材质"水"，双击材质名称，将其调入材质编辑器窗口。

　　（2）选择 Blinn Basic Parameters（Blinn 基本参数）卷展栏，单击 Ambient（环境光）和 Diffuse（漫反射）之间的按钮 ▣ 将两者锁定，调节色彩为深蓝色，修改 Specular Level（高光级别）和 Glossiness（光泽度）分别为 120 和 60。

　　（3）在 Bump（凹凸贴图）卷展栏的凹凸通道上指定 Noise（噪波贴图），在 Noise（噪波贴图）里调节动态水的数值变化。凹凸数量为 10 左右。在 Noise（噪波贴图）里面再加一层 Noise（噪波贴图），以增加细节。

　　（4）在 Reflection（反射）通道上指定 VRayMap（VRay 反射贴图），数量为 50，VRay 反射贴图的参数保持默认值。

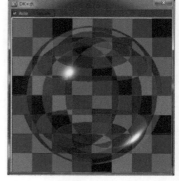

图 5.48　水

图 5.49　水的材质

5.6.2　水底材质

　　由于是小区水景，水底是人工制造的鹅卵石，鹅卵石长时间在水下长满了青苔，因此用青苔和鹅卵石的 Blend（混合材质）制作水底，模拟真实环境下的水底。水底材质的效果和设置界面分别如图 5.50 和图 5.51 所示。

　　（1）单击主工具栏中的 Material Editor（材质编辑器）按钮，打开材质编辑器窗口。单击 Get Material（获取材质）按钮，在弹出的 Material/Map Browser（材质/贴图浏览器）窗口左栏中选择 Selected（选定对象）选项，在右栏显示所选模型使用的材质"水底"，双击材质名称，将其调入材质编辑器窗口。

　　（2）分别在混合材质上放入鹅卵石和青苔的贴图，并用黑白通道贴图混合。

　　（3）为了方便控制鹅卵石和青苔的混合比例，这里分别指定材质的 UVW 贴图通道，来调节水底的材质贴图。

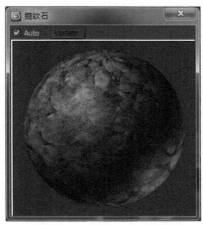

图 5.50　水底

图 5.51　水底材质

5.6.3 玻璃材质

一般玻璃的固有色都很深，看玻璃的侧面能知道玻璃的固有色。玻璃的透明度和反射要配合测试结果调整玻璃材质的设置，如图 5.52 和图 5.53 所示。

（1）单击主工具栏中的 Material Editor（材质编辑器）按钮，打开材质编辑器窗口。单击 Get Material（获取材质）按钮，在弹出的 Material/Map Browser（材质/贴图浏览器）窗口左栏中选择 Selected（选定对象）选项，在右栏显示所选模型使用的材质"玻璃"，双击材质名称，将其调入材质编辑器窗口。

（2）选择 Blinn Basic Parameters（Blinn 基本参数）卷展栏，单击 Ambient（环境光）和 Diffuse（漫反射）之间的按钮 C 将两者锁定，调节色彩为深蓝色，修改 Specular Level（高光级别）和 Glossiness（光泽度）分别为 127 和 59。又高细的高光用来表现玻璃的硬度。

（3）将 Opacity（透明度）设置为 50。

（4）在 Reflection（反射）通道上指定 VRayMap（VRay反射贴图），数量为 50，VRay 反射贴图的参数保持默认值。

（5）另外，可以通过 Filter（过滤色）来调节玻璃的颜色。一般通过调节过滤色的明度来控制玻璃的亮度。注意，一点过滤色就会使玻璃上的颜色表现得很重，所以要不断测试调节。

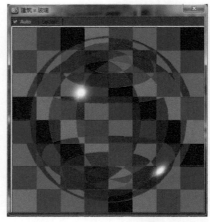

图 5.52　玻璃

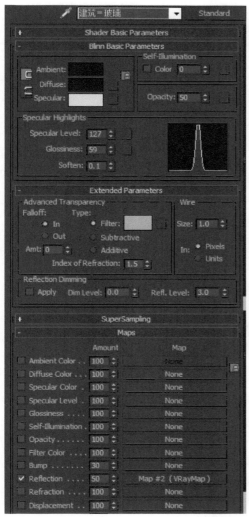

图 5.53　玻璃材质

5.7　最终渲染设定

第 4 章详细讲解了建筑动画中渲染光子和成图的参数设置。这里讲解这个场景的一些注意事项，动画师可以结合第 4 章内容。

5.7.1　光子的设置

（1）一般在镜头运动不是很大的情况下，光子选择每隔 20 帧渲染。这里渲染出的图是高清尺寸 1280×720，所以按 1∶3 左右的比例，光子的渲染尺寸可以设置为 500 左右，如图 5.54 所示。

图 5.54　光子的设置 01

（2）勾选 Don't render final image（渲染不可见）复选框，使渲染光子的速度加倍。这里可以设置出图的抗锯齿模式，因为勾选了渲染不可见，这个抗锯齿模式不会对光子速度产生影响，如图 5.55 所示。

图 5.55　光子的设置 02

（3）选择光子保存路径，设定 Incremental add to current map（光子叠加）为光子的保存类型，如图 5.56 所示。

图 5.56　光子的设置 03

5.7.2　成图设置

（1）将渲染尺寸设置为 1280×720 的高清尺寸，如图 5.57 所示。

图 5.57　成图的设置 01

（2）设置渲染可见，如图 5.58 所示。

（3）抗锯齿的设置根据项目尺寸不同和渲染时间的不同会有相应调整。

（4）勾选 Color mapping 选项可以防止金属或水材质的高光渲染出闪烁。

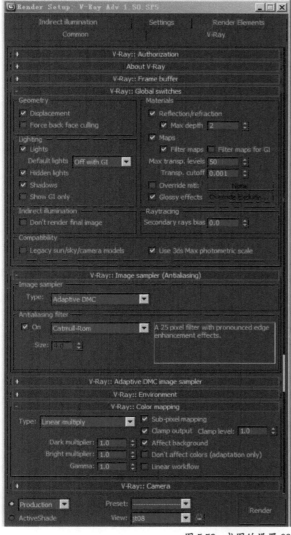

图 5.58　成图的设置 02

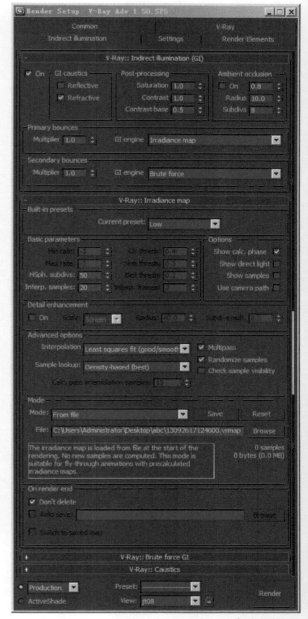

图 5.59　成图的设置 03

（5）一般光子的 built-in presets（内置级别预定）选 Low 选项。但是，也可根据场景大小和渲染时间的不同做相应调整，如图 5.59 所示。

（6）这里渲染 Z 通道，方便后期加雾效，如图 5.60 所示。

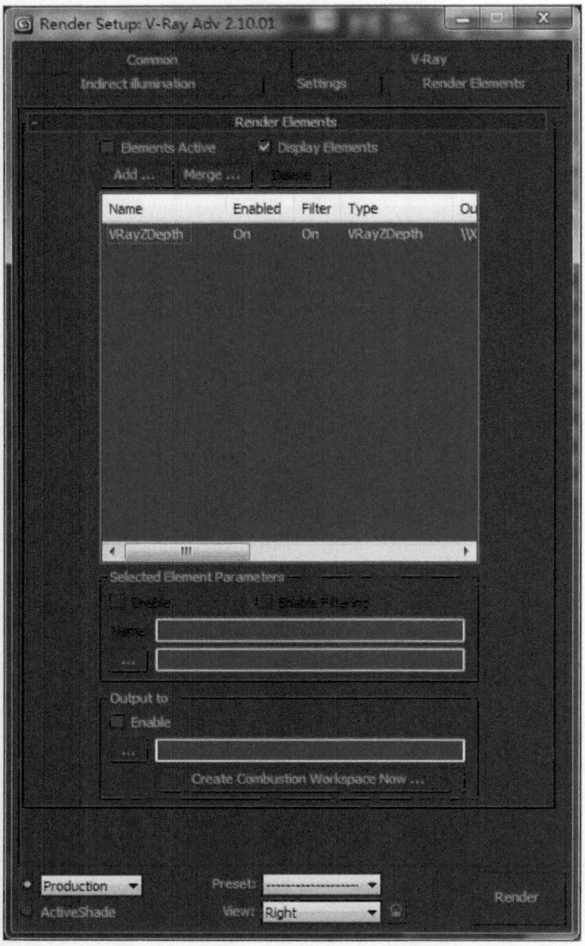

图 5.60　成图的设置 04

5.8　本章总结

　　本章主要介绍了建筑动画中模型的重要性，虽然有专门的模型师和场景师，但是根据自己的镜头优化场景是动画师的首要工作，也是必备能力。根据近、中、远不同的景别，依次降低模型的精度，是提高工作效率、提高渲染速度的好方法。

第6章
材质
——小洋楼的表现

·材质概述
·案例背景分析
·场景材质及贴图的精细调整
·建筑中的材质分析
·常用材质讲解

6.1 材质概述

在建筑动画制作过程中，90% 的情况下材质和灯光决定了制作的图像是否真实。

使用简单色彩的模型对眼睛来说没有太大的作用，最多在全局照明最好的情况下，由于材质的光泽度不同，使模型呈现出塑性黏土或者陶土的效果。它不能完整地重现我们周围的自然界与场景里材质外观几近无限的细节。

6.1.1 材质的主要因素及变量

观察实际环境的过程包括观察、研究、理解和对比等环节。这个过程能帮助我们真实地重建任何我们希望在建筑动画中模拟的材质的物理属性。建筑动画制作是基于摄影技术的，而不是基于现实或是我们的视网膜所看到的真实世界的图片。但是，真实世界是我们最可靠也是最直接的参考，因此也是我们观察信息的主要来源。

1. 不透明、浓密的漫反射物体

混凝土、乳胶漆和金属这种类型的材质在我们日常环境中是经常出现的，它们是不透明的。实际上光源碰到它们后反射开了。

材质是通过自然或人为的方式处理的，如表面被腐蚀、抛光或涂上一层漆等。在真实世界的材质中，这是非常常见的，建筑环境中会更多一些。

大多数建筑空间中的金属（不论是纯金还是合金）都包含少量的漫反射成分。纸张、薄的窗帘和网眼帘等材质属于漫反射或半漫反射类别，它们被描述为"有些透明"，可以被认为是半透明的材质，如图 6.1 所示。

图 6.1　半透明材质

需要注意的是，这些半透明的材质属于不透明的类别。但是如果在显微镜下观察，它们看起来并不是非常紧凑的，其结构呈现孔状，所以有些光波在接触到这类材质的表面时不会改变速度或者方向，而是直接穿越这些孔，因此就得到了有些透明的外观。

2. 折射率（IOR）

VRay 中给定材质的透明度是通过折射的多少来决定的，黑色让材质 100% 不透明，白色让材质 100% 透明。这个值并不是单色，所有的 RGB 色都可以使用（彩色的折射，表现在材质的染色效果）。

除透明度以外，它们都呈现出另外一种标志性的特性——折射率。折射率（IOR）是一个比率值，它描述了光线是如何接触并且顺着材质传播的，常见的水的折射率为 1.33，玻璃的折射率为 1.56。根据折射率（IOR）的比值，图像在被观看的时候会折射（如变形）得更多或更少一些，如图 6.2 和图 6.3 所示。

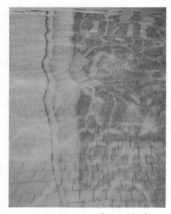

图 6.2　折射 01

图 6.3　折射 02

3. 吸收（Fog Color）

当光波影响并且穿透一个透明物体的时候，光线的强度会根据物体的厚度而不同，或者换句话说，在光波离开物体前前进了多远，物体薄的部分看起来比厚的部分更透明，而且光线在材质内部变暗的时候，色调也更加饱满。

通过在 Refraction（折射）中加入一个 RGB 值就能为透明物体染色，但是染色只能为材质的表面添加一种人造染色的效果。建筑玻璃一般都是自然的蓝色或绿色，

色彩是从玻璃的内部映射出来的（体现出玻璃的厚度，而不是表面的性质），是与表面无关的。

有时候，调整雾色很难得到让我们满意的效果，所以我们经常使用折射参数中的 RGB 值来为玻璃染色。当制作玻璃、水和水晶等的时候用双面会得到不同的效果，因为玻璃的两个面无论是里面还是外面，都是反射性的。

4. 半透明材质

尽管透明材质的所有属性（IOR，Absorption）都可以应用到半透明材质上，但是实际上半透明材质的内部实现了光线的扩散与传播，这种现象被叫作次表面散射。伴随着对应材质的吸收，它就创建了一个非常有特色的外观，一半是透明的，一半是不透明的，也就是半透明。

果汁、蜡烛、肥皂和矿石等是半透明材质，如图 6.4 所示。

图 6.4　矿石

5.VRayMtl（V Ray 材质）

模拟半透明的效果，折射值（光泽度）和吸收（雾效）可以被合并用于创建复杂的、令人惊奇的真实结果。

备注：

在半透明或透明材质中将 RGB 值用于雾色（Fog Color）的时候，需要在 3 个通道中避免使用 255 这个数值（RGB），建议最大使用 250。

6.VRay Fast SSS2（VRay 3S 材质）

专门用于模拟半透明的材质，如图 6.5 所示，操作上比 VRay Mtl 容易一些，并且快一些，在物理与视觉可靠性上更精确一些，还可以与其他材质合并通过 VRay Blend Mtl（V Ray 混合材质）来得到更加复杂的结果。

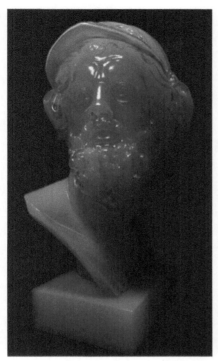

图 6.5 半透明材质 01

7.VRay 2Sided Mtl（V Ray 双面材质）

这个双面材质是用于那些很小甚至零体积的物体的。就其本身来说，它并不是一种材质，而只是一个功能，允许其他材质继承它的特性。它允许光线从一个对象的正面均匀地穿透到背面，反之亦然。主要用于模拟很薄的对象（窗帘、百叶窗、灯罩和叶子等）上的光线。它不需要很长的渲染时间，当我们模拟这种"双面"材质对象的时候，它是非常有用的，尤其是在模型反面的时候，只需要勾选双面就能轻松解决黑面，而无须再在模型上浪费时间。在建筑动画中常见的半透明材质有钢化玻璃、窗帘、网眼帘、百叶窗和灯罩等，如图 6.6 所示。

图 6.6 半透明材质 02

6.1.2 现实和摄影是所有制作之源

纯色只能提供给我们很少的信息，甚至没有信息。尽管它的数学算法所提供的精确性能够为我们呈现材质上不同的视觉与物理属性，但是真实世界要复杂得多。

要百分之百地描述一块木板上的条纹，或者是一块水泥上色彩的细微变化，或者是金属表面上不完美的瑕疵，我们可以使用一种非常精确的过程为表面添加有层次的细节——贴图。

现实世界是让材质尽可能逼真的贴图来源。拍摄不同的材质是最可靠也是最精确的获取特殊贴图的方法，它被处理好之后可直接应用到三维模型上。

这种贴图的过程（即拍摄、调整和应用）是相当烦琐与花费时间的，此外它需要手工后期制作的特性让整个工作流程变慢，尤其还要处理贴图的接缝处，使其自然衔接，所以这种方法一点都不实用。网上有很多贴图库可以使用，但是如果要使用一个非常特殊的贴图，还是建议用相机拍摄需要的材质。

1. 贴图

每种材质通常都有好几种成分，如漫反射、高光和折射等，并且每种成分都可以通过贴图来定义。

除漫反射的成分外，单色的贴图已经足够定义材质的最终外观，大多数情况下考虑到不同的属性，经常使用贴图来制作材质，这种贴图可以是单色的灰度图像，也可以是彩色的。

2. 合成与应用贴图到材质上

最简单的将这些贴图映射（投影）到表面上的方法有 Planar（扁平的）、Cylindrical（圆柱形的）、（球形的）、Box（立方体的）等。这些基本的映射方式对建筑空间中大部分的体积已经够用了。我们制作的场景大部分是立方体映射。不过在某些有机的或是复杂的造型需要更加高级的映射技术，即它们需要自定义的映射方式来将贴图正确地投影到表面的每个造型与变化上，可以使用 3ds Max 自带的工具，如 Unwrap Uvw（展 UV）能轻松解决这些问题，或者使用第三方软件。

6.1.3 细节的关键

前面讲了通过贴图可以加强画面的真实感，并且模拟照片的丰富程度及更多的可能性。然而，如果仔细观察周围的环境就会发现，贴图不但增加了材质的真实性，对表面的影响还决定了它们最终的外观。

干净的效果图与照片的最大区别就是效果图太干净，没有细节。经常观察现实世界就会明白物体表面是受两个不同现象所影响的：（1）污迹的积累（内部边缘）；（2）磨损与腐蚀（外部边缘）。

磨损与腐蚀是因为时间的流逝，与其他外部成分相互作用引起的，在真实世界的物体上会或多或少地显示出来。表面上最容易看到的就是腐蚀，例如建筑的水泥表面上，会显示出水造成的磨损迹象，如图6.7所示。这些现象可以使用常规的贴图来模拟，并且大多数的污迹与腐蚀在物体表面的边缘上更突出一些。

图 6.7　磨损与腐蚀

1.VRray Dirt

贴图和标准的映射在特定的场景中会显得不够用，为了解决这个问题就需要运用 Unwrap Uvw（展 UV）这样复杂的方法。例如展开一个体积，然后为需要处理的部分设置维度，直到得到需要的效果。

通常 VRay 渲染器配备了基于 OA 环境光阻挡的算法工具，让我们的工作更容易。但我们要得到高质量照片级的效果就需要非常重要的 3 个关键细节。

（1）可以使用一个由灰度位图制作的遮罩来对污迹的分布进行贴图调整。污迹与磨损的效果在现实中很少是统一的。

（2）使用贴图命令（如偏移）来控制贴图的拼贴，或者添加第二贴图通道来独立操作一个特定的元素。

（3）在材质的角落或边缘部分添加污迹或磨损效果。

Bias（偏置）是一个迫使污迹效果朝向特定轴向的附加功能。如果使用 Bias（偏置）来沿着 z 轴置换污迹特效，就会得到一个滴落的效果，它能模仿物体表面的水造成的污迹或腐蚀效果。

2. 深入了解 VRay Dirt

VRay Dirt（VRay 污垢）是一个强大的工具，它能在我们模拟照片级效果的时候提供大量的选择，如图 6.8 所示。

图 6.8　模拟照片效果

3. 随机

在复制使用同一个材质的时候，得到的结果缺少变化。这种机械的重复可以通过一个材质的简单变化来避免，例如调整色彩、强度、饱和度和贴图的偏移等生成几种不同的材质，即在原始的材质上做少量的改变。

脚本可以制作随机效果，例如一百棵树，全部是同一个树叶的贴图并且长得一样。我们可以再制作 3 种不同色调的树叶材质然后利用场景助手的随机功能，随机选择不同数量的树，分别加上 4 组不同的树叶，再重新随机选择不同的树，分别调整它们的大小，旋转它们的方向，这就避免了场景中经常出现的机械的连续性问题了。

4.VRayEdge Texture（VRay 边缘贴图）

在制作的时候，细节的层次是至关重要的。由完美边缘产生的问题，特别是在制作 90° 的多边形时，应切掉直角的边缘。但是如果工作量过大，还可以尝试使用 VRay Edge Texture（VRay 边缘贴图）。

将这个算法拖到凹凸设置中模拟一个圆形的边缘，就是对两个多边形进行插值，而无须管它们的角度，并且加强它的高光部分，在无须调整原始模型的情况下，让垂直角的多边形变得柔和一些，如图 6.9 所示。

图 6.9 让垂直角的多边形变得柔和

6.2 案例背景分析

本案例是一个湖边的高档小洋房，后拉的镜头从湖边穿过露天泳池到达小区景观叠水，湖水、露天泳池和景观叠水就成了本案例材质的主要表现部分。湖水要体现它的大气和包容；泳池的色彩和灵动要让人看了有想下去游泳的冲动；活动的景观叠水要体现它的动态感。环境中没有高高的建筑，没有茂密的树木，更多的是体现水系的安逸感，最终渲染文件如图 6.10~ 图 6.16 所示。

图 6.10 颜色的表现力 01

图 6.11 颜色的表现力 02

图 6.14 颜色的表现力 05

图 6.12 颜色的表现力 03

图 6.15 颜色的表现力 06

图 6.13 颜色的表现力 04

图 6.16 颜色的表现力 07

6.3 场景材质及贴图的精细调整

　　建筑动画中水是动态的，水的材质是画面中最有灵动效果的。本案例主要讲解的材质分为湖水、露天泳池的水和小区景观叠水。湖水的材质注意水的反射和波纹，泳池的水注意它的折射效果，景观叠水注意它的动态感和层次感，如图 6.17 所示。

图 6.17 材质

6.3.1 天空

本案例中天空几乎占据画面的 1/2，水的反射也主要受天空的影响，所以天空的选择很重要。首先，天空贴图要选择像素足够大的图片，保证渲染出来没有马赛克；其次，天空的色调要和水统一，以保障画面和谐。我们用"球天"模拟天空，就是通过一张天空贴图贴在半球的模型上来模仿远处的天空，这是常用的表现方法。

（1）单击工具栏上的 Material Editor（材质编辑器）按钮，在弹出的对话框中选择一个空材质球并命名为 SKY。单击 Material Editor（材质编辑器）按钮，单击 Maps（贴图）展卷栏中的 Diffuse Color（漫反射颜色）按钮，为球天指定贴图。再回到 Blinn Basic Parameters（明暗期基本参数）卷展栏中，将 Self-Illumination（自发光）的数值设置为 100。要使天空亮度方向和阳光一致，就要调整天空贴图的方向，勾选 Mirror（镜像）复选框，关闭材质编辑器，将 SKY 材质赋予球体，如图 6.18 和图 6.19 所示。

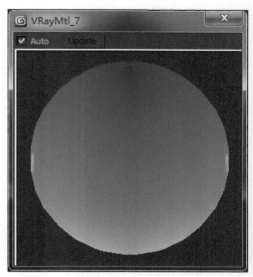

图 6.18 "球天" 01

图 6.19 "球天" 02

图 6.20 天空的设定

（2）单击修改按钮，从 Modifier List（修改器列表）中选择 UVW MAP（UVW 贴图）为球体加上贴图坐标修改器。进入 Gizmo 子层级，将贴图坐标方式指定为 Cylindrical（圆柱形）同时单击 Fit（适配）按钮，将天空贴图适配到球天，如图 6.20 所示。

（3）选择球体单击鼠标右键，在 Object Properties（对象属性）对话框的 General（常规）选项卡中，取消 Receive Shadows（接收阴影）和 Cast Shadows（投射阴影）复选框的勾选，在 VRay Object properties（VRay属性）对话框中，取消 Generate GI（产生GI）、Receive GI（接收GI）和 Visible to GI（看见GI）复选框的勾选，如图6.21所示。

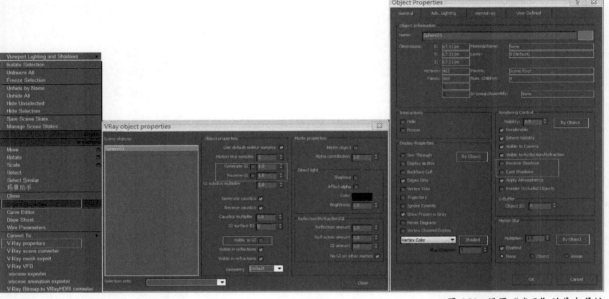

图 6.21 设置"球天"的基本属性

（4）渲染摄像机视图，观察渲染效果，可能需要多次调整才能达到满意效果，如图6.22所示。

图 6.22 "球天" 03

6.3.2 玻璃

玻璃材质分为清玻璃、有色玻璃及磨砂玻璃等，玻璃材质的效果及其设置界面，如图6.23和图6.24所示。

（1）单击主工具栏中的 Material Editor（材质编辑器）按钮，打开材质编辑器窗口。单击 Get Material（获取材质）按钮，在弹出的 Material/Map Browser（材质/贴图浏览器）窗口左栏中选择 Selected（选定对象）选项，在右栏显示所选模型使用的材质"玻璃"，双击材质名称，将其调入材质编辑器窗口。

（2）选择 Blinn Basic Parameters（Blinn 基本参数）卷展栏，单击 Ambient（环境光）和 Diffuse（漫反射）之间的按钮 将两者锁定，调节色彩为深绿色，修改 Specular Level（高光级别）和 Glossiness（光泽度）分别为120和55，高高细细的高光用来表现玻璃的硬度。

（3）将 Opacity（透明度）设置为50，因为玻璃是透明的，要使里面的窗帘等能透出来，增加细节。

（4）在 Reflection（反射）通道上指定 VRayMap（VRay 反射贴图），数量为60，VRay 反射贴图的参数保持默认。

图 6.23　玻璃材质

图 6.24　玻璃材质设置

6.3.3 金属

本案例中金属的颜色跟玻璃形成明暗对比。玻璃的颜色是深色的，质感是硬的，而金属是偏白色的，带有模糊反射的亚光质感，这里用 VRay 材质调节，金属材质的效果及其设置界面，如图 6.25 和图 6.26 所示。

（1）单击主工具栏中的 Material Editor（材质编辑器）按钮，打开材质编辑器窗口。选择空白材质球，将其由 Standard(标准材质) 转换为 VRayMtl(VRay 材质)，赋予场景中的金属物体。

（2）将 Diffuse（漫反射）颜色设置为灰白色，这种颜色是物体的固有色。

（3）将 Reflect（反射）颜色设置为灰白色，用于调节反射的强度。

（4）将 Refl glossiness（光泽度）设置为 0.84，让金属产生模糊反射。此数值越低，模糊反射的强度越高，反之亦然。

（5）将 Subdivs（细化）设置为 18，这里为了增加细节，提高了细分数值，相对应的渲染速度也就慢下来了。注意，一般材质使用默认细分就可以了。

（6）勾选 Fresnel reflections(菲涅耳反射) 复选框。

注意：如果站在湖边，低头看脚下的水，会发现水是透明的，反射不是特别强烈；如果看远处的湖面，会发现水不是透明的，反射非常强烈，这就是"菲涅耳反射"。简单地讲，就是视线垂直于物体表面时，反射较弱；而当视线不垂直表面时，夹角越小，反射越明显。当我们看向一个圆球时，圆球中心的反射较弱，靠近边缘处的反射较强，这种过渡关系受折射率影响。如果不使用"菲涅耳反射"的话，反射就不考虑视点与物体表面之间的角度。

（7）将 IOR（菲尼耳折射率）设置为 15。

图 6.25　金属材质

图 6.26 金属材质设置

图 6.27 湖水材质

复制一层，上面做水面的材质，下面做水底的材质。这样既能反射出场景，也能折射出水底，加上水波纹的流动，就做出了湖水的大气感。湖水材质的效果及其设置界面，如图 6.27 和图 6.28 所示。

（1）单击主工具栏中的 Material Editor（材质编辑器）按钮，打开材质编辑器窗口。单击 Get Material（获取材质）按钮，在弹出的 Material/Map Browser（材质/贴图浏览器）窗口左栏中选择 Selected（选定对象）选项，在右栏显示所选模型使用的材质 "湖水"，双击材质名称，将其调入材质编辑器窗口。

（2）选择 Blinn Basic Parameters（Blinn 基本参数）卷展栏，单击 Ambient（环境光）和 Diffuse（漫反射）之间的按钮 C 将两者锁定，调节色彩为深蓝色，修改 Specular Level（高光级别）和 Glossiness（光泽度）分别为 120 和 45。

（3）在 Bump（凹凸贴图）卷展栏的凹凸通道上指定 Noise（噪波贴图），在 Noise（噪波贴图）里调节动态水的数值变化。凹凸大小为 5。将 Size（凹凸数量）设置为 5.0。在 Noise（噪波贴图）里面再加一层 Noise（噪波贴图），将 Size（凹凸数量）设置为 2.0，以增加细节。

（4）在 Reflection（反射）通道上指定 V-RayMap（VRay 反射贴图）数量为 100。VRay 反射贴图增加 Gradient（渐变），渐变使用 Screen（屏幕渐变）模式，这样会按照屏幕构成显示渐变效果。将 Gradient Parameters（渐变参数）中的渐变颜色调成加深的浅灰色。

6.3.4 湖水

湖水由两个物体来表现，即水面和水底。把水物体

图 6.28 湖水材质设置

6.3.5 湖水下的铺地

湖水下的铺地只是为了给湖水增加细节，所以铺地材质做得比较简单，只加了一张碎石的贴图，湖水下的铺地材质效果及其设置界面，如图 6.29 和图 6.30 所示。

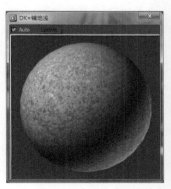

图 6.29 湖水下的铺地材质

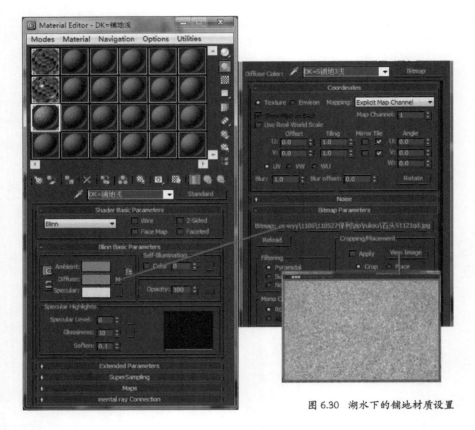

图 6.30　湖水下的铺地材质设置

6.3.6　游泳池水

游泳池由两个物体组成，即水面和泳池下的马赛克。游泳池的水和水下的马赛克中间有一定的空间，游泳池水能够反射出场景，也能折射出水底的马赛克，游泳池水的材质及其设置界面，如图 6.31 和图 6.32 所示。

（1）单击主工具栏中的 Material Editor（材质编辑器）按钮，打开材质编辑器窗口。选择空白材质球，将其由 Standard（标准材质）转换为 VRayMtl（VRay 材质），赋予场景中的游泳池水。

（2）将 Diffuse（漫反射）颜色设置为湖蓝色，这种颜色是泳池水的固有色。找参考图做泳池水的颜色分析，能更好地把握泳池水的色调。

（3）将 Reflect（反射）增加 Gradient（渐变）贴图，使用 Screen（屏幕渐变）模式，按照屏幕构成显示渐变效果。将 Reflect Gradient Parameters（渐变参数）中渐变颜色分别设置为白色、灰色和黑色，以调节反射的强度。

（4）将 Refract（折射）增加 Gradient（渐变）贴图，渐变使用 Screen（屏幕渐变）模式，按照屏幕构成显示渐变效果。将 Gradient Parameters（渐变参数）中的渐变颜色调成灰、中灰、浅灰，以调节折射的强度。

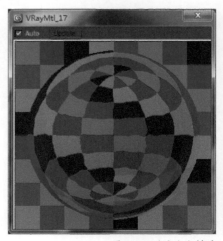

图 6.31　游泳池水材质

（5）在 Bump（凹凸贴图）卷展栏的凹凸通道上指定 Noise（噪波贴图），在 Noise（噪波贴图）里调节动态水的数值变化。凹凸大小为 3 左右。将 Size（凹凸数量）设置为 0.3。

图 6.32 游泳池水材质设置

6.3.7 游泳池水底马赛克

我们游泳的时候经常会看到游泳池下面泛着光泽的马赛克，马赛克瓷砖光滑、饱和度高，在水下受水的折射会产生高光，游泳池水底马赛克材质及其设置界面如图 6.33 和图 6.34 所示。

（1）单击主工具栏中的 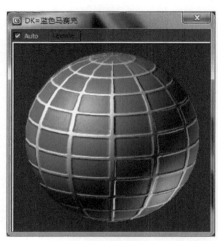 Material Editor（材质编辑器）按钮，打开材质编辑器窗口。单击 Get Material（获取材质）按钮，在弹出的 Material/Map Browser（材质/贴图浏览器）窗口左栏中选择 Selected（选定对象）选项，在右栏显示所选模型使用的材质"马赛克"，双击材质名称，将材质调入材质编辑器窗口。

（2）选择 Blinn Basic Parameters（Blinn 基本参数）卷展栏，单击 Ambient（环境光）和 Diffuse（漫反射）之间的按钮将两者锁定，指定马赛克的贴图。注意，这里的贴图要跟游泳池水和整个场景的色调一致。把墙体的纹理贴图拖到 Bump（凹凸）里面，使其有凹凸的变化，凹凸为 60。

（3）修改 Specular Level（高光级别）和 Glossiness（光泽度）分别为 46 和 22。

图 6.33　游泳池水底马赛克材质

图 6.34　游戏池水底马赛克材质设置

6.3.8 景观水上的喷泉

我们使用"米"字片加贴图制作简单的喷泉，用（Line）线画出"米"字片，单击修改按钮，从 Modifier List（修改器列表）中选择 Extrude（挤压）选项，让"米"字片变成立体状态，如图 6.35 所示。

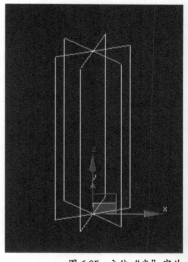

图 6.35 立体"米"字片

喷泉的材质是由水喷射而形成的，要制作喷泉动态效果，就需要动态的贴图序列。景观水上的喷泉材质及其设置界面，如图 6.36 和图 6.37 所示。

（1）单击主工具栏中的 █ Material Editor（材质编辑器）按钮，打开材质编辑器窗口。单击 █ Get Material（获取材质）按钮，在弹出的 Material/Map Browser（材质/贴图浏览器）窗口左栏中选择 Selected（选定对象）选项，在右栏显示所选模型使用的材质"喷泉"，双击材质名称，将其调入材质编辑器窗口。

（2）选择 Blinn Basic Parameters（Blinn 基本参数）卷展栏，单击 Ambient（环境光）和 Diffuse（漫反射）之间的按钮 █ 将两者锁定，调节色彩为白色，修改 Specular Level（高光级别）和 Glossiness（光泽度）分别为 70 和 27。

（3）在 Specular Color（高光）卷展栏上指定水的贴图序列。由于贴图是黑色的背景，在 Specular Color（高光）上指定水的贴图序列，这样可以防止渲染出喷泉的黑边。

（4）在 Opacity（不透明度）通道上指定水的贴图序列，由于水贴图有一定的灰度，可以做出透明度，但是如果水的贴图序列直接指定到 Diffuse（漫反射）上，则渲染出来的水不够白，所以使用纯白色，加上 Opacity（不透明度），制作白色透明的水。

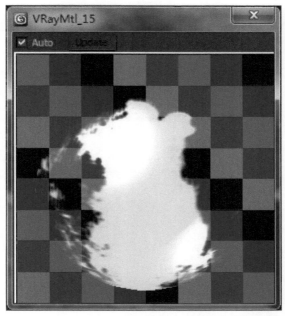

图 6.36 景观水上的喷泉材质

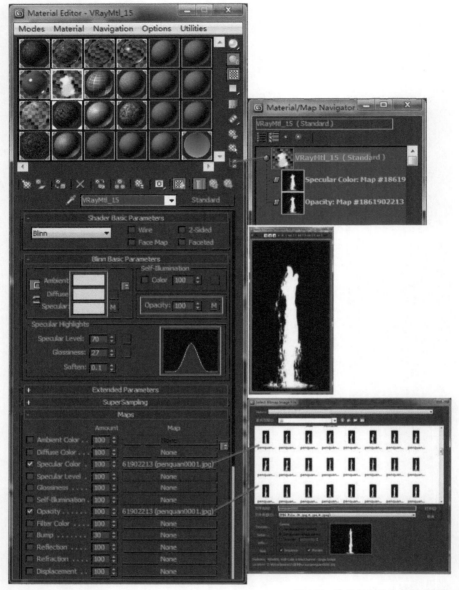

图 6.37　景观水上的喷泉材质设置

6.3.9　景观水上的叠水

叠水的材质是由水流动而形成的，要制作景观水上的叠水动态效果，就需要动态的贴图序列。景观水上的叠水材质及其设置界面如图 6.38 和图 6.39 所示。

（1）单击主工具栏中的 Material Editor（材质编辑器）按钮，打开材质编辑器窗口。单击 Get Material（获取材质）按钮，在弹出的 Material/Map Browser（材质/贴图浏览器）窗口左栏中选择 Selected（选定对象）选项，在右栏显示所选模型使用的材质"景观水上的叠水"，双击材质名称，将其调入材质编辑器窗口。

（2）选择 Blinn Basic Parameters（Blinn 基本参数）卷展栏，单击 Ambient（环境光）和 Diffuse（漫反射）之间的按钮 将两者锁定，调节色彩为白色，修改 Specular Level（高光级别）和 Glossiness（光泽度）分别为 26 和 24。

（3）在 Specular Color（高光）卷展栏上指定水的贴图序列。同喷泉水材质的原理一样，由于景观水上的叠水贴图是黑色的背景，因此在 Specular Color（高光）上指定水的贴图序列，这样可以防止渲染出喷泉的黑边。

（4）在 Color（颜色）通道上指定水的贴图序列。

（5）在 Opacity（不透明度）通道上指定水的贴图序列。

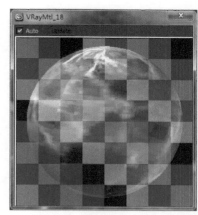

图 6.38 景观水上叠水的材质

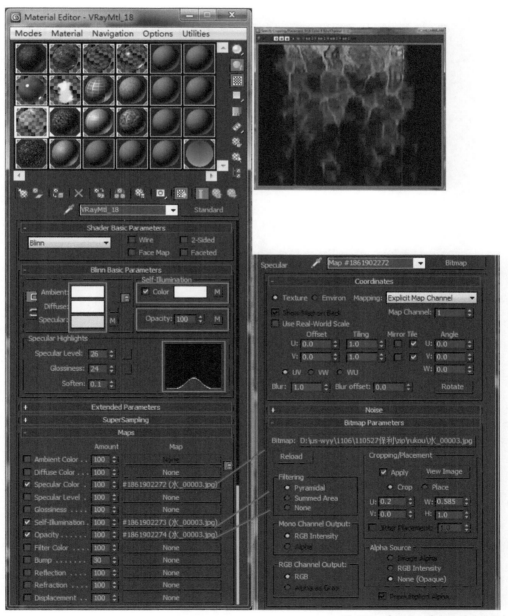

图 6.39 景观水上叠水的材质设置

6.3.10 景观水

景观水由两个物体组成，即水面和景观水下的鹅卵石。景观水会受到喷泉、叠水和水下鹅卵石的影响。景观水材质及其设置界面，如图6.40和图6.41所示。

（1）单击主工具栏中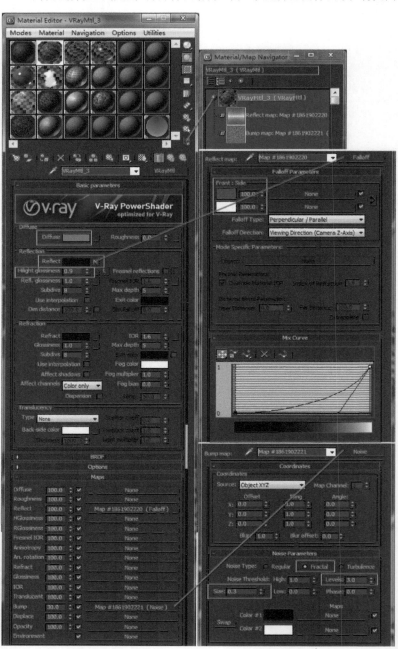Material Editor（材质编辑器）按钮，打开材质编辑器窗口。选择空白材质球，将其由Standard（标准材质）转换为VRay Mtl（VRay材质），赋予场景中的景观水。

（2）将Diffuse（漫反射）颜色设置为蓝色，这种颜色是景观水的固有色。找参考图做景观水的颜色分析，能更好地把握景观水的色调。

（3）将Reflect（反射）增加Falloff（衰减）贴图，Falloff Type（衰减类型）为默认的Perpendicular/Parallel（垂直/平行），调节它的Mix Curve（混合曲线）。

（4）在Bump（凹凸贴图）卷展栏的凹凸通道上指定Noise（噪波贴图），在Noise（噪波贴图）里调节动态水的数值变化。凹凸大小为30。将Size（凹凸数量）设置为0.3。

图6.40 景观水材质

图6.41 景观水材质设置

6.3.11 景观水底的鹅卵石

景观水底的鹅卵石也是为了给景观水增加细节，所以铺地材质做得比较简单，只加了一张碎石的贴图。景观水底的鹅卵石材质及其设置界面，如图6.42和图6.43所示。

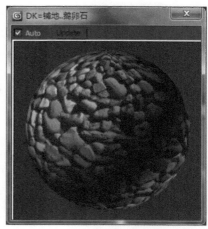

图 6.42　景观水底的鹅卵石材质

图 6.43　景观水底的鹅卵石材质设置

6.4　建筑中的材质分析

　　在建筑动画中玻璃材质是常见的材质，也是制作的难点和重点。做得好，会起到画龙点睛的作用，做得不好，会让画面显得死气沉沉。这里讲解生活中常见的不同角度、不同环境中建筑玻璃的样子，动画师知道玻璃是什么样子的，才能在后面的制作中知道怎么做。

　　从室内透过玻璃看室外，建筑没有扭曲，如图 6.44 所示。

图 6.44　玻璃 01

清晨或傍晚，建筑玻璃反射比较强，明暗对比关系相对中午比较弱。受天空的影响，玻璃上部偏深蓝色，中部比较亮，偏黄色，下部反射建筑并且受建筑明暗的影响。不同角度的玻璃受天空的影响不同，玻璃的受光反射面比顶部天空要亮，玻璃的背光面比顶部天空要暗。在颜色上，玻璃和下部天空的暖色相近，但顶部玻璃受上部天空的影响较大，呈深蓝色，如图 6.45 所示。

图 6.45　玻璃 02

和阴天相比晴天的饱和度更高，镀金玻璃的反射度也很高，明暗对比强烈。画面中玻璃的高光最亮，天空的白云次之，蓝天比白云暗，建筑的玻璃反射的蓝天更暗，亮度最低的是玻璃反射的其他建筑，如图 6.46 所示。

图 6.46　玻璃 03

色调上，室外是蓝色的，室内是黄色的，这样形成冷暖的对比，如图 6.47 所示。

图 6.47　玻璃 04

夜晚状态下的球形玻璃，主光源是室内光源，呈暖黄色，金属框架较亮，天空的云彩受到室内光的影响，被室内的灯光照亮，如图 6.48 所示。

图 6.48　玻璃 05

深绿色的玻璃，阴影处较暗，反光处较亮，如图 6.49 所示。

图 6.49　玻璃 06

玻璃反射环境，并透出室内环境，但是反射弱于室内透明，如图 6.50 所示。

图 6.50　玻璃 07

黄绿色是玻璃的固有色，如图 6.51 所示。

图 6.51　玻璃 08

暖绿色的玻璃块，有一定的厚度，透明度高，如图 6.52 所示。

图 6.52　玻璃 09

　　白天状态下的玻璃，有明显的白色高光，绿色为固有色，反射较强。球形的玻璃，有高光、亮部、中间部、暗部，立体感非常强烈，如图 6.53 所示。

图 6.53　玻璃 10

　　黄昏状态下的玻璃对于阳光的反射很强，与暗处的玻璃对比强烈，色调偏暖红色，有少许黄色，如图 6.54 所示。

图 6.54　玻璃 11

　　从室内看室外，玻璃是一块一块的、有弧度的，如图 6.55 所示。

图 6.55　玻璃 12

　　玻璃前有细铁丝网会使玻璃变暗，如图 6.56 所示。

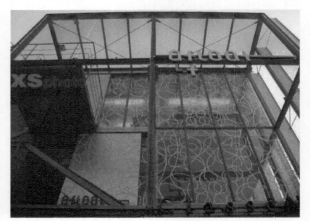

图 6.56　玻璃 13

　　玻璃外有一层因反射天空而产生的白色，反射到玻璃上的树很暗、很灰，并且呈现剪影状态。所以，有时为了反射而制作的模型可以使用简模，以节省场面数，如图 6.57 所示。

图 6.57　玻璃 14

玻璃反射出太阳，高光突出，亮点明显。反射的太阳作为点缀，可以起到画龙点睛的效果，如图 6.58 所示。

图 6.58 玻璃 15

很深的蓝色玻璃，反射低，透明度低，和白色的线条搭配得很协调，形成了明暗对比，如图 6.59 所示。

图 6.59 玻璃 16

颜色很深的玻璃反射的蓝天、白云比实际的要暗很多，反射的建筑更暗且没有细节。建筑的金属线条与玻璃形成对比，如图 6.60 所示。

图 6.60 玻璃 17

清晨或傍晚，受光面的玻璃偏暖色，背光面的玻璃偏冷色。建筑的玻璃下暗上亮，反射建筑的阴影处较暗，如图 6.61 所示。

图 6.61 玻璃 18

建筑上部的玻璃为蓝色，下部为暖红色，受环境的影响，天空偏绿色，并且明度低，如图 6.62 所示。

图 6.62　玻璃 19

绿色镀膜玻璃，暗处较冷偏蓝绿色。天桥的玻璃透明度高，颜色偏绿色，如图 6.63 所示。

图 6.63　玻璃 20

蓝绿色的玻璃较厚，从边缘处可以看出玻璃是很深的暗绿色。叠加在一起的玻璃，绿色的饱和度较高，如图 6.64 所示。

图 6.64　玻璃 21

玻璃的反光会反射到对面的建筑物上，如图 6.65 所示。

图 6.65　玻璃 22

阴天的天空有很多白云，玻璃的透明度很低，反射度高，反射白云，明度比实际的白云低，如图 6.66 所示。

图 6.66　玻璃 23

玻璃反射的光，照到建筑上，如图 6.67 所示。

图 6.67　玻璃 24

巷子里，建筑的上部亮下部暗，玻璃与之相反，上面暗下面亮，如图 6.68 所示。

图 6.68　玻璃 25

弧形玻璃反射的建筑扭曲较大。玻璃反射建筑受光面的部分很亮，透明度低；玻璃反射建筑暗部较暗，透明度高。清玻璃（偏青绿色的玻璃）和不锈钢、抛光灰色花岗岩的搭配，很有硬度感，如图 6.69 所示。

图 6.69　玻璃 26

玻璃的高光在一定条件下（视线和玻璃法线的夹角与光线和玻璃法线的夹角相同）会很强。玻璃受天空的影响，仍然是上面是深蓝色的，下面是浅蓝色的，如图 6.70 所示。

图 6.70　玻璃 27

深蓝色的镀膜玻璃反射天空的颜色比天空实际的颜色要深，与白色的线条搭配，节奏感很强，与右下角的暖色石墙虚实对比强烈，如图 6.71 所示。

图 6.71　玻璃 28

室内黄色的灯光透过玻璃，与其他玻璃反射的天空的冷色形成对比，如图 6.72 所示。

图 6.72　玻璃 29

左上角的玻璃反射度很高，有斑斑点点的黄色灯光透出来，很有趣味性。广告牌开始亮起来，使街道的线条变得很有意思，如图 6.73 所示。

图 6.73　玻璃 30

建筑下部的玻璃透明性强，透出室内暖黄色的灯光，上部的玻璃反射性强，如图 6.74 所示。

图 6.74　玻璃 31

深灰蓝色的玻璃的固有色比天空深，下面是清玻璃，透明度高，反射暗处的玻璃透明度高，反射天空的玻璃透明度低，玻璃因反射而呈现上深下浅、上冷下暖的色调，如图 6.75 所示。

冷色的玻璃，反射天空的部分明度高、透明度低并且上浅下暗；反射暗处建筑的玻璃透明度高，可以清楚地看到室内的灯光和梁柱，如图 6.77 所示。

图 6.75　玻璃 32

玻璃是垂直的，但反射的建筑却是扭曲的，是为了减少光污染，玻璃增加了凹凸效果。玻璃的反射度很强，透明度很低，如图 6.76 所示。

图 6.77　玻璃 34

受光线角度的影响，弧形的玻璃右下角偏暖黄色，向边渐变成冷色。玻璃反射的建筑是扭曲的。左边的建筑，玻璃上部为深蓝色，下部为浅蓝色，如图 6.78 所示。

图 6.76　玻璃 33

图 6.78　玻璃 35

青绿色的玻璃，因为反射暗部的建筑，透明度高，青绿色明显，反射扭曲。多观察建筑玻璃反射的扭曲，可以更准确地把握扭曲程度，如图 6.79 所示。

图 6.79　玻璃 36

玻璃和深色框架的结合，玻璃的颜色比框架的颜色浅，如图 6.80 所示。

图 6.80　玻璃 37

雨棚玻璃的固有色是浅绿色的，室内灯光偏暖黄色，玻璃的透明属性突出，如图 6.81 所示。

图 6.81　玻璃 38

弧形的深蓝色玻璃，反射的建筑的颜色较深，如图 6.82 所示。

左边和右边建筑玻璃的反光又照到其他建筑和玻璃上形成光斑。玻璃的固有色为青绿色。反射建筑受光面的玻璃呈暖绿色，反射天空的玻璃呈冷绿色偏蓝色，阴影下的玻璃透明度更高，如图 6.83 所示。

图 6.82　玻璃 39

图 6.83　玻璃 40

蓝绿色的玻璃，右边的反射强烈，是明度最亮的地方，左边的玻璃受到对面玻璃的反光而有明显的亮斑。整个建筑的玻璃上深蓝下浅蓝，反射建筑的玻璃较暗，如图 6.84 所示。

图 6.84　玻璃 41

白色的天空下，玻璃较明亮，反射建筑的部分较暗。玻璃上深下亮，受光玻璃的颜色较暖，背光玻璃的颜色较冷，如图 6.85 所示。

反射天空的玻璃很亮，反射建筑的玻璃很暗，如图 6.87 所示。

图 6.87　玻璃 44

玻璃反射的建筑较清晰，反射的天空偏绿色，如图 6.88 所示。

图 6.85　玻璃 42

鸟瞰的玻璃明暗对比较强，反射地面建筑的玻璃颜色较深。光线在建筑群中穿梭，远处的雾气增加了画面的空间感，如图 6.86 所示。

图 6.86　玻璃 43

图 6.88　玻璃 45

因为角度原因墙体的受光面偏亮，背光面偏暗，而玻璃则相反，玻璃的受光面比背光面暗，如图 6.89 所示。

图 6.89　玻璃 46

玻璃和水的颜色很相似，都偏青绿色。玻璃反光更强，水的厚度更厚。建筑在水中的倒影更加扭曲，如图 6.90 所示。

图 6.90　玻璃 47

玻璃比蓝天的颜色更深，玻璃的颜色是上深下浅的渐变且较透明，如图 6.91 所示。

图 6.91　玻璃 48

青绿色的玻璃较透明，反射不明显，如图 6.92 所示。

图 6.92　玻璃 49

固有色是蓝色的玻璃上面偏灰黄色，纯度高，下面为蓝黑色，反射较清晰，如图 6.93 所示。

图 6.93　玻璃 50

夕阳下的光线是暖色的，天空是暖色的，水面是深蓝色的，但有暖色的反光。玻璃能反射天空的暖黄色，光线在玻璃、水面上连续反射，仍然是暖色的，如图 6.94 所示。

图 6.94　玻璃 51

清晨，太阳在地平线以下，天空的颜色是由蓝色到红色的渐变。玻璃上部是深蓝色，下部偏黄色，反射建筑的部分颜色很深，如图 6.95 所示。

图 6.95　玻璃 52

蓝天白云下，建筑的白色线条和深蓝色的玻璃形成节奏感强烈的对比。玻璃反射的白云很清晰。玻璃与石墙明度对比较突出，冷暖、虚实、光滑和粗糙的对比强烈，如图 6.96 所示。

图 6.96　玻璃 53

暖色调下，建筑墙体是相似的暖色，褐色、砖黄、砖红、浅黄。玻璃是蓝色的，反射扭曲较大，如图 6.97 所示。

图 6.97　玻璃 54

画面冷暖对比强烈，受暖黄色阳光的影响，建筑的墙体呈黄色，纯度很高。天空是蓝色的。玻璃反射的天空为冷色，反射的建筑为暖色，视觉冲击强烈，如图 6.98 所示。

图 6.98　玻璃 55

玻璃反射建筑的部分较暗，透明度较低，反射度高，如图 6.99 所示。

图 6.99　玻璃 56

受光的玻璃较亮，背光的玻璃较暗，明度对比较强。背光玻璃反射建筑的部分较暗，有扭曲，如图 6.100 所示。

图 6.100　玻璃 57

天空较亮，偏红色。绿色的玻璃反射的天空较灰，反射的建筑部分很暗，如图 6.101 所示。

图 6.101　玻璃 58

受夕阳和红黄色云彩的影响，玻璃呈金黄色，反射强烈，周围其他建筑的颜色为冷色，较暗，如图 6.102 所示。

图 6.102　玻璃 59

轻盈的玻璃，厚重的建筑，玻璃的颜色上深下浅且亮。天空是蓝色的，纯度较高，如图 6.103 所示。

图 6.103　玻璃 60

建筑上部的玻璃偏紫色，下部的玻璃偏蓝色，反射出的颜色比天空实际的明度低、纯度低，如图 6.104 所示。

图 6.104　玻璃 61

玻璃的固有色为浅绿色，透明度较高，如图6.105所示。

图 6.105　玻璃 62

从室内看室外，透过玻璃的影像没有扭曲，如图6.106所示。

图 6.106　玻璃 63

受视角的限制，玻璃反射远处明亮的天空，即使在阴影下，玻璃依然很亮。弧形的玻璃反射的建筑变瘦了。深蓝色的玻璃和白色的线条搭配和谐，如图6.107所示。

图 6.107　玻璃 64

背光面的玻璃反射受光面的建筑，天空和玻璃都是上深下浅。受玻璃固有深色及室内暗光线的影响，玻璃

比天空颜色深。为了减少光污染，玻璃有凹凸纹理，所以反射的建筑有扭曲的现象，如图6.108所示。

图 6.108　玻璃 65

白色的天空下，浅青绿色的玻璃有微弱的冷暖变化，反射的建筑有扭曲变形，如图6.109所示。

图 6.109　玻璃 66

玻璃反射的白云有扭曲，反射的天空的颜色与实际颜色相似，但明度较低，如图6.110所示。

图 6.110　玻璃 67

天空明度低，玻璃的明度低，白色的建筑线条与玻璃形成鲜明对比，如图 6.111 所示。

图 6.111　玻璃 68

玻璃反射深色建筑处，透明度高，固有色突出；反射亮色建筑处，反射强，受环境色影响大。环境色较灰，玻璃的固有色是青绿色，光线较冷。整幅画面体现出了很强的质感，如图 6.112 所示。

图 6.112　玻璃 69

蓝色的玻璃，对称的建筑，天空上部为深蓝色下部为浅蓝色，建筑的颜色也是上深下浅。但是受玻璃固有色的影响，玻璃颜色比天空深很多。右边的玻璃有高光，弧形玻璃反射的地方明度最高，就像素描中的明暗交界线，受天空和光线影响较少。下部玻璃反射的建筑较清晰，反射强，受光面玻璃与建筑墙面相比明度低；背光面玻璃因为反射天空，比墙面明度高，如图 6.113 所示。

图 6.113　玻璃 70

建筑中玻璃的面积占很大比重，使其显得较轻盈。天空中，白云较多，玻璃上亮下暗，呈灰白色，如图 6.114 所示。

图 6.114　玻璃 71

玻璃的颜色是绿色的，天空的颜色是蓝色渐变的，斜阳的颜色较暖。玻璃背光面反射的建筑不清楚，树的颜色有红色、墨绿色、黄色，立体感强烈，如图 6.115 所示。

图 6.115　玻璃 72

蓝色的玻璃，纯度较高。天空是渐变的蓝色，纯度很高。玻璃下部的蓝色比上部的纯，明度也更高，如图6.116所示。

图 6.116 玻璃 73

玻璃的固有色是蓝色的，纯度高，比天空还蓝。天空是渐变的蓝色，偏绿。玻璃的上部比下部蓝，纯度高，如图 6.117 所示。

图 6.117 玻璃 74

天空是浅蓝色的，玻璃的蓝色较深，它们互相反射，如图 6.118 所示。

图 6.118 玻璃 75

较暗的光线下，玻璃为墨绿色，反射对面建筑的灯光，透出室内的灯光受玻璃固有色的影响呈黄绿色。反射天空的玻璃比反射建筑的玻璃亮，如图 6.119 所示。

图 6.119 玻璃 76

蓝绿色的玻璃，反射天空的部分较亮，反射建筑的部分较暗、较透明，背光处有被其他玻璃反射的点点光斑，如图 6.120 所示。

图 6.120　玻璃 77

逆光时，建筑的玻璃反射建筑的受光面，很亮。玻璃反射的天空上暗下亮，整体较暗与反射的受光面建筑有明暗对比。玻璃反射的暗部玻璃部分较暗，如图 6.121 所示。

图 6.121　玻璃 78

玻璃的蓝色纯度较高，反射天空的部分较亮，反射建筑的部分较暗，并且透出暖红色灯光，如图 6.122 所示。

图 6.122　玻璃 79

白色的天空下，玻璃反射天空的部分较亮，反射建筑的部分较暗且透明，有橘色的灯光透出来，对比强烈，如图 6.123 所示。

图 6.123　玻璃 80

建筑的墙面是黄色的，玻璃是蓝色的，天空中有蓝天白云，如图 6.124 所示。

天空中白云较多，玻璃虽然反射了天空，但是由于室内较暗，玻璃固有色深，故玻璃较暗，如图 6.126 所示。

图 6.124　玻璃 81

图 6.126　玻璃 83

建筑明暗对比强烈，暗面反射的建筑，亮面反射的天空，如图 6.125 所示。

白色的天空下，玻璃因为反射天空所以明度很高，如图 6.127 所示。

图 6.125　玻璃 82

图 6.127　玻璃 84

画面中灰红色的墙面,白色的窗框,玻璃的明度较低,天空较亮,蓝天白云下很协调,如图 6.128 所示。

灯光很明显,浅色玻璃之间的深色线条是楼板。天空整体是蓝色调,色彩变化丰富,由左上角到右下角依次偏暗红、绿、黄、亮红,如图 6.130 所示。

图 6.128 玻璃 85

图 6.130 玻璃 87

阴天下,玻璃上亮下暗,反射的建筑较灰,下面的树枝打破了建筑呆板的观感,如图 6.129 所示。

阴天下,天空较白,建筑较深,玻璃反射强,上亮下暗,下部反射的建筑清楚,细节很多。透过玻璃的黄色灯光饱和度较高,增加了画面的趣味性,如图 6.131 所示。

图 6.129 玻璃 86

黄昏时分,天空较暗,华灯初上。右边的玻璃反射天空,所以上深下浅,上冷下暖;有些玻璃仍然能看出不明显的点点灯光。左边的玻璃较暗,偏红色,室内的

图 6.131 玻璃 88

深色的建筑,白色的天空,玻璃因反射天空明度较亮,如图 6.132 所示。

图 6.132　玻璃 89

阴天下,天空为白色,玻璃因反射天空,明度较高,如图 6.133 所示。

图 6.133　玻璃 90

阴天下,天空中的白云很白,地面很黑,玻璃反射天空,但是反射得比天空中的白云暗,玻璃较灰,如图 6.134 所示。

图 6.134　玻璃 91

阴天下,玻璃的明度与白云、乌云的位置和角度有关系,如图 6.135 所示。

图 6.135　玻璃 92

画面中光线在右侧，所以朝向右侧的立面和建筑玻璃比朝向左侧的立面和建筑玻璃亮，如图 6.136 所示。

图 6.136　玻璃 93

玻璃上的高光偏暖色，如图 6.137 所示。

图 6.137　玻璃 94

蓝色的天空，暖色的灯光，玻璃受到环境色和室内黄色灯光的双重影响，形成强烈的对比，使画面有很强的视觉冲击力，如图 6.138 所示。

图 6.138　玻璃 95

商场里的橱窗多、广告多，突出了商业氛围。暖色的室内灯光，透明的玻璃，反射出室外蓝色的灯光，这些是做商业街的重点，如图 6.139 所示。

图 6.139　玻璃 96

玻璃之间的反射比玻璃反射天空的部分要暗，如图 6.140 所示。

图 6.140　玻璃 97

玻璃呈蓝绿色，颜色较素，如图 6.141 所示。

图 6.141　玻璃 98

天空的颜色是渐变的。深蓝色的玻璃受光线影响明度高，偏绿色；背光的玻璃明度低，呈深蓝色；弧形的玻璃有高光但不刺眼，有明暗渐变，如图 6.142 所示。

图 6.142　玻璃 99

天空是白色的，反射天空的玻璃较亮，反射建筑的玻璃较暗比较透明，如图 6.143 所示。

图 6.143　玻璃 100

茶色的玻璃，暗处的透明度较高，能看到室内的灯光和柱子，如图 6.144 所示。

图 6.144　玻璃 101

玻璃是透明的，红色灯光和蓝色灯光对比强烈，玻璃与杆件的明暗对比也很强烈，如图 6.145 所示。

图 6.145　玻璃 102

室内是暖色调，室外是冷色调，透明的玻璃把室内室外的光线表现得很到位，由于灯光较亮，所以玻璃的反射较弱，如图 6.146 所示。

图 6.146　玻璃 103

天桥的玻璃是绿色的，车流线的强光在玻璃上形成反射，如图 6.147 所示。

图 6.147　玻璃 104

浅绿色的玻璃背景，有少许透明度，不反射，有一些反光，如图 6.148 所示。

图 6.148　玻璃 105

板材中嵌入玻璃，在夜景中透出室内的灯光。斑斑点点的灯光，形成别有趣味的造型，如图 6.149 所示。

图 6.149　玻璃 106

浅绿色的磨砂玻璃透明度和反射都很低，如图 6.150
所示。

图 6.152　玻璃 109

玻璃的反射强，受环境和观察角度的影响，反射较
清楚，如图 6.153 所示。

图 6.150　玻璃 107

不透明的玻璃有少量的反射，如图 6.151 所示。

图 6.153　玻璃 110

玻璃的固有色是很淡的青绿色，通过玻璃看到的红
墙较灰，看到的浅黄色的墙偏绿色。玻璃对明度大的黄
墙反射较明显，如图 6.154 所示。

图 6.151　玻璃 108

玻璃的固有色为蓝色，因为室内较暗，玻璃呈深蓝色。
背面白色的玻璃呈浅蓝色，如图 6.152 所示。

图 6.154　玻璃 111

玻璃的固有色偏绿，反射暗部建筑的玻璃透明性好，如图 6.155 所示。

图 6.155　玻璃 112

不同的角度相同的位置，玻璃的反射相差很大。反射天空的玻璃表现出了较强的反射属性，较亮，如图 6.156 所示。

图 6.156　玻璃 113

在室内，阳光透过玻璃，由于受到玻璃固有色的影响，室内光线呈浅浅的青色，天空较暗，明暗对比较强，如图 6.157 所示。

由于观察的视线与玻璃法线的夹角较大，玻璃的反射较强，明暗对比较强，暗处的玻璃反光较强。如果视线与玻璃的夹角小，在阴影下，玻璃的透明更强，如图 6.158 所示。

图 6.157　玻璃 114

图 6.158　玻璃 115

阴影下的玻璃会突出反射特性，反射的树和建筑相对清晰，如图 6.159 所示。

图 6.159　玻璃 116

玻璃呈墨绿色偏蓝，弧形的玻璃反光很强，广角镜头使建筑变形，如图 6.160 所示。

图 6.160　玻璃 117

6.5　常用材质讲解

建筑动画场景中比较难理解和掌握的就是玻璃、不锈钢、水等材质。这些材质在不同的物体上，呈现出不同的状态，调节好这些材质能很容易让场景出彩。

下面分别讲解这几类材质的常用调节思路，动画师要活学活用，理解后可以在以后的制作中以不变应万变，来提高工作效率，如图 6.161 和图 6.162 所示。

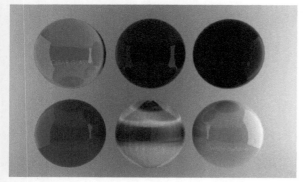

图 6.161　常用材质 01

图 6.162　常用材质 02

6.5.1　透明玻璃

建筑中玻璃是必不可少的材质，为了表现玻璃的硬度，经常使用默认的材质来控制玻璃。但是有些特殊场景，比如有弧度的玻璃，使用 VRay 材质会使玻璃的质感更加细腻，透明玻璃材质及其设置界面如图 6.163~ 图 6.165 所示。

（1）单击主工具栏中的 Material Editor（材质编辑器）按钮，打开材质编辑器窗口。选择空白材质球，将其由 Standard（标准材质）转换为 VRayMtl（VRay 材质），赋予场景中的透明玻璃。

（2）将 Diffuse（漫反射）颜色设置为白色，这是透明玻璃的固有色。多看现实中玻璃的颜色，多找参考照片分析透明玻璃的颜色，能更好地把握透明玻璃的色调。

（3）将 Reflect（反射）颜色设置为白色，勾选 Fresnel reflections（菲涅耳反射）复选框。将 Fresnel IOR（菲涅耳反射值）设置为 2.0。

（4）将 Refract（折射）颜色设置为白色。

将 Fog color（玻璃雾效）颜色设置为浅蓝色，这里给一个很浅的颜色，玻璃材质的颜色就会很浓重。如果是很重的颜色，玻璃的透明度就不明显了，一般在大面积的玻璃幕墙或展厅之类的空间可以使用这个方式。

将 Fog multiplier（玻璃雾效值）设置为 0.01。这个值结合 Fog color（玻璃雾效）做调整，根据场景不同，参数不一样。

图 6.163　透明玻璃材质 01

图 6.164　透明玻璃材质 02

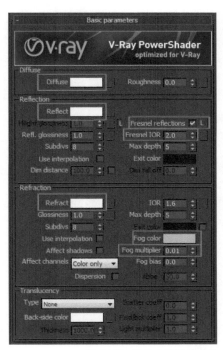

图 6.165　透明玻璃材质设置

6.5.2　亚光玻璃

建筑中的玻璃除透明玻璃，还有一些不同的类型，比如亚光玻璃，它没有透明玻璃通透，但也有玻璃的特性，亚光玻璃材质及其设置如图 6.166~ 图 6.168 所示。

（1）单击主工具栏中的 ▓ Material Editor（材质编辑器）按钮，打开材质编辑器窗口。选择空白材质球，将其由 Standard（标准材质）转换为 VRayMtl（VRay 材质），赋予场景中的亚光玻璃。

（2）将 Diffuse（漫反射）颜色设置为白色，这是亚光玻璃的固有色。

（3）将 Reflect（反射）颜色设置为白色，勾选 Fresnel reflections（菲涅耳反射）复选框。将 Fresnel IOR（菲涅耳反射值）设置为 2.0。

（4）将 Refract（折射）颜色设置为白色。

将 Fog color（玻璃雾效）颜色设置为绿色，　Fog multiplier（玻璃雾效值）设置为 0.05。

图 6.166　亚光玻璃材质 01

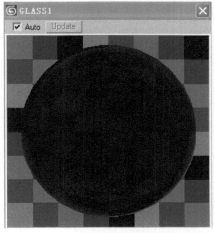

图 6.167　亚光玻璃材质 02

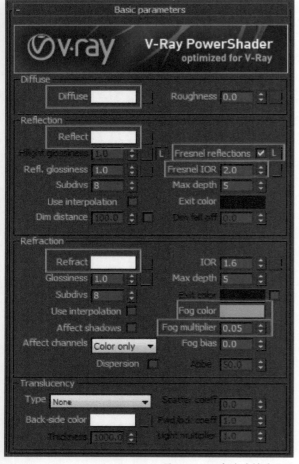

图 6.168 亚光玻璃材质设置

图 6.169 黑釉材质 01

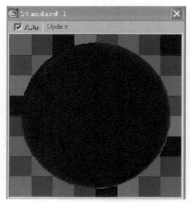

图 6.170 黑釉材质 02

图 6.171 黑釉材质设置

6.5.3 黑釉

黑釉像瓷器一样光滑细腻，可以反射周围的环境，又有好看的高光。多用于高档的会议室办公桌、卫浴空间的瓷器用品等，黑釉可以提升空间的品位，在室内场景中是常用材质。用 VRay 材质调节黑釉会使物体更加细腻，黑釉材质及其设置界面，如图 6.169~ 图 6.171 所示。

（1）单击主工具栏中的 Material Editor（材质编辑器）按钮，打开材质编辑器窗口。选择空白材质球，将其由 Standard(标准材质)转换为 VRayMtl(VRay 材质)，赋予场景中的黑釉。

（2）将 Diffuse（漫反射）颜色设置为黑色，这是黑釉的固有色。

（3）将 Reflect（反射）颜色设置为白色，勾选 Fresnel reflections（菲涅耳反射）复选框。将 Fresnel IOR（菲涅耳反射值）设置为 1.6。

6.5.4 红釉

红釉跟黑釉一样光滑细腻，但是红釉在场景中一般只起点缀的作用，很少大面积使用，要注意它的纯度和

饱和度，使之在场景中和谐，红釉材质及其设置界面，如图 6.172~ 图 6.174 所示。

（1）单击主工具栏中的 Material Editor（材质编辑器）按钮，打开材质编辑器窗口。选择空白材质球，将其由 Standard（标准材质）转换为 VRayMtl（VRay 材质），赋予场景中的红釉。

（2）将 Diffuse（漫反射）颜色设置为红色，这是红釉的固有色。

（3）将 Reflect（反射）颜色设置为白色，勾选 Fresnel reflections（菲涅耳反射）复选框。将 Fresnel IOR（菲涅耳反射值）设置为 2.0。

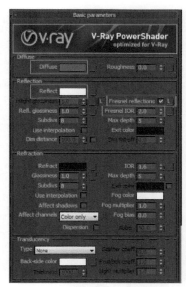

图 6.174　红釉材质设置

6.5.5　白釉

白釉像红釉、黑釉一样光滑细腻，也是建筑动画中常用的材质，放置在白色的空间中，会显得非常干净整洁，有放大空间的作用，白釉材质及其设置界面，如图 6.175~ 图 6.177 所示。

（1）单击主工具栏中 Material Editor（材质编辑器）按钮，打开材质编辑器窗口。选择空白材质球，将其由 Standard（标准材质）转换为 VRayMtl（VRay 材质），赋予场景中的白釉。

（2）将 Diffuse（漫反射）颜色设置为白色，这是白釉的固有色。

（3）将 Reflect（反射）颜色设置为白色，勾选 Fresnel reflections（菲涅耳反射）复选框。将 Fresnel IOR（菲涅耳反射值）设置为 2.0。

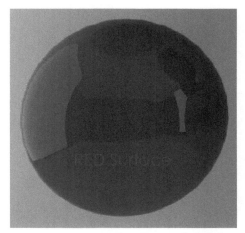

图 6.172　红釉材质 01

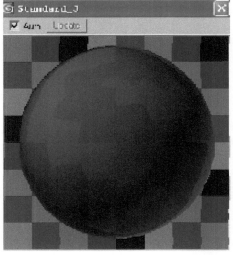

图 6.173　红釉材质 02

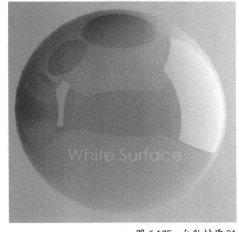

图 6.175　白釉材质 01

图 6.176 白釉材质 02

将其由 Standard（标准材质）转换为 VRayMtl（VRay 材质），赋予场景中的拉丝金属。

（2）将 Diffuse（漫反射）颜色设置为白色，这是拉丝金属的固有色。多观察现实中周围的光滑金属和拉丝金属的区别。

（3）将 Reflect（反射）颜色设置为灰白色，调节反射的强度。

（4）将 Refl glossiness（光泽度）设置为 0.8，让金属产生模糊反射。因为是拉丝金属，光泽度比较低。此数值越低，模糊反射的强度越高，反之亦然。

（5）将 Subdivs（细化）设置为 16，这里为了增加细节，提高了细分数值，相对应的渲染速度也就慢下来了。

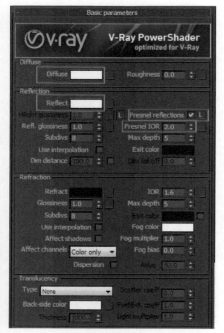

图 6.177 白釉材质设置

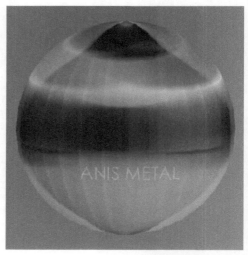

图 6.178 拉丝金属 01 材质 01

6.5.6 拉丝金属 01

拉丝金属是金属表面生成的一种含有该金属成分的皮膜层，可以清晰显现每一根细微丝痕，从而使金属哑光中泛出细密的发丝光泽，也是必不可少的材质。现代建筑中钢架结构的建筑为多数，尤其是商业办公楼等建筑中，多是钢架、玻璃结构的材质。注意区分玻璃和金属钢架的明暗和质感，以增加建筑的挺拔感。钢架金属使用 VRay 材质会使其反射更加细致，拉丝金属材 01 材质及其设置界面，如图 6.178~ 图 6.180 所示。

（1）单击主工具栏中的 Material Editor（材质编辑器）按钮，打开材质编辑器窗口。选择空白材质球，

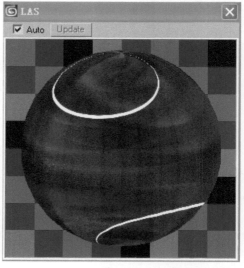

图 6.179 拉丝金属 01 材质 02

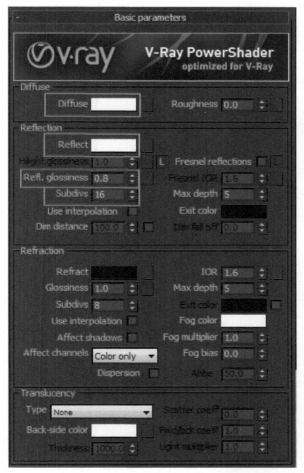

图 6.180　拉丝金属 01 材质设置

将 Noise Parameters（噪声参数）设置为 Fractal（分形）。将 Noise Threshold（噪声阈值）设置为 High（高）：0.675，Low（低）：0.335。将 Siae（凹凸数量）设置为 50.0。

图 6.181　拉丝金属 02 材质 01

图 6.182　拉丝金属 01 材质 02

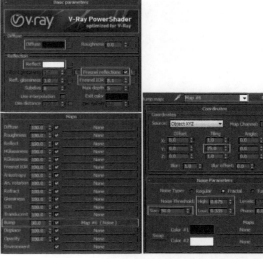

图 6.183　拉丝金属 02 材质设置

6.5.7　拉丝金属 02

拉丝金属也有不同的表现方式，有些特殊场景，使用另外一种材质拉丝金属 02 会更加细致，拉丝金属 02 材质及其设置界面，如图 6.181～图 6.184 所示。

（1）单击主工具栏中的　Material Editor（材质编辑器）按钮，打开材质编辑器窗口。选择空白材质球，将其由 Standard（标准材质）转换为 VRayMtl（VRay 材质），赋予场景中的拉丝金属 02。

（2）将 Diffuse（漫反射）颜色设置为黑色。

（3）将 Reflect（反射）颜色设置为白色，勾选 Fresnel reflections（菲涅耳反射）复选框。将 Fresnel IOR（菲涅耳反射值）设置为 8.1。

（4）在 Bump（凹凸贴图）通道上指定 Noise（噪波贴图），凹凸大小为 30.0 左右。将 Y Tiling（Y 平铺）设置为 75.0。

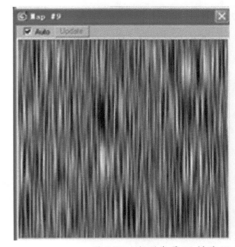

图 6.184　拉丝金属 02 材质 03

6.5.8 铬

建筑中铬是另外一种银白色金属，相对于拉丝金属，它更加光滑，反射也更强。我们经常使用 VRay 材质调节铬，可以很方便地模拟铬的反射效果，铬材质及其设置界面，如图 6.185~ 图 6.187 所示。

（1）单击主工具栏中的 Material Editor（材质编辑器）按钮，打开材质编辑器窗口。选择空白材质球，将其由 Standard(标准材质)转换为 VRayMtl(VRay 材质)，赋予场景中的铬。

（2）将 Diffuse（漫反射）颜色设置为黑色。

（3）将 Reflect（反射）颜色设置为白色。

 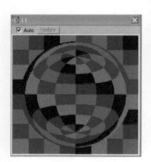

图 6.185　铬材质 01　　　　图 6.186　铬材质 02

图 6.187　铬材质设置

6.5.9 亚光金属 01

建筑中亚光金属也是常见的材质，它不像铬一样全部反射环境，也不像拉丝金属一样反射成条纹的形态，而是使反射若隐若现。比如，常用的工业产品的材质、一些纪念金币的材质和一些亚光车漆等，它让物体显得更加高档。使用 VRay 材质会更加容易模拟亚光金属的特点，亚光金属 01 材质及其设置界面，如图 6.188 至图 6.190 所示。

（1）单击主工具栏中的 Material Editor（材质编辑器）按钮，打开材质编辑器窗口。选择空白材质球，将其由 Standard(标准材质)转换为 VRayMtl(VRay 材质)，赋予场景中的亚光金属 01。

（2）将 Diffuse（漫反射）颜色设置为黑色。

（3）将 Reflect（反射）设置为白色。

（4）将 Refl. glossiness（光泽度）设置为 0.8，让金属产生模糊反射，从而产生亚光效果。

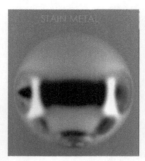 

图 6.188　亚光金属 01 材质 01　　图 6.189　亚光金属 01 材质 02

图 6.190　亚光金属 01 材质设置

6.5.10 亚光金属 02

亚光金属 02 材质及其设置界面，如图 6.191~ 图 6.193 所示。

（1）单击主工具栏中的 Material Editor（材质编辑器）按钮，打开材质编辑器窗口。选择空白材质球，将其由 Standard(标准材质)转换为 VRayMtl(VRay 材质)，赋予场景中的亚光金属 02。

（2）将 Diffuse（漫反射）颜色设置为黑色。

（3）将 Reflect（反射）设置为白色。

（4）将 Hilight glossiness（高光光泽度）的 L（锁定）打开，设置为 0.8，目的是让亚光金属有一定高光光泽度。将 Refl.glossiness（光泽度）设置为 0.7，让金属

产生模糊反射，从而产生亚光效果。

（5）将 Anisotropy（各向异性）设置为 0.6。这里同默认材质的 Anisotropic（各向异性）一样，可以使高光产生多样性。

将 Rotation（旋转）设置为 90，高光旋转 90°。

图 6.191　亚光金属 02 材质 01　　图 6.192　亚光金属 02 材质 02

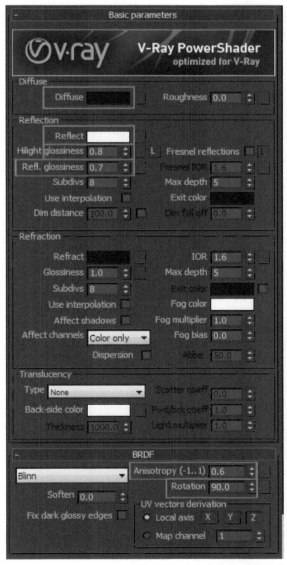

图 6.193　亚光金属 02 材质设置

6.5.11　线管状金属 01

建筑动画中金属材质的多元性可以让同一个物体因材质的不同产生不一样的效果。我们讲几个不太常用的金属材质，可以在模型不够细致的情况下，表现出多样的效果后，比如广场雕塑、工业艺术品等。动画师理解了它的制作思路，可以运用在不同的场景中。这里先介绍一种线管状金属 01，线管状金属 01 的材质及其设置界面，如图 6.194~ 图 6.197 所示。

（1）单击主工具栏中的 🔲 Material Editor（材质编辑器）按钮，打开材质编辑器窗口。选择空白材质球，将其由 Standard(标准材质) 转换为 VRayMtl(VRay 材质)，赋予场景中的线管状金属 01。

（2）将 Diffuse（漫反射）颜色设置为黑色，是线管状金属的固有色。

（3）将 Reflect（反射）颜色设置为白色。

（4）在 Bump（凹凸贴图）卷展栏的凹凸通道上指定 Checker（方格贴图），凹凸大小为 30 左右。在 Checker（方格贴图）里 U、V Tiling（U、V 平铺）都设置为 10.0。在 Checker Parameters（方格参数）里为黑白颜色通道分别增加 Noise（凹凸贴图）。

将黑颜色通道 y 轴 Tiling（平铺）设置为 50.0，Noise Type（噪声类型）设置为 Fractal（分形），Noise Threshold(噪声阈值) 设置为 High(高): 0.675, Low(低): 0.335, Size（尺寸）: 50.0。

将白颜色通道 Y 轴 Tiling（平铺）设置为 50.0，Noise Type（噪声类型）设置为 Fractal（分形），Noise Threshold(噪声阈值) 设置为 High(高): 0.675, Low(低): 0.335, Size（尺寸）: 50.0, Phase（相位）: 90.0。

 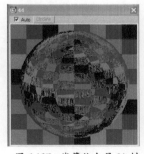

图 6.194　线管状金属 01 材　　图 6.195　线管状金属 01 材
质 01　　　　　　　　　　　　　　質 02

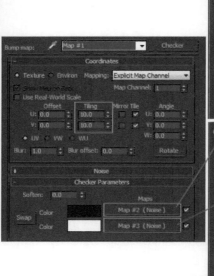

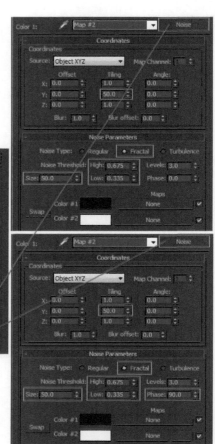

图 6.196 线管状金属 01 材质设置

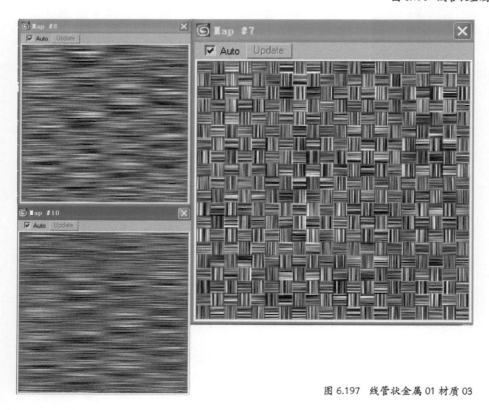

图 6.197 线管状金属 01 材质 03

6.5.12 线管状金属 02

下面介绍另一种线管状金属 02。线管状金属 02 材质及其设置界面，如图 6.198~ 图 6.200 所示。

（1）单击主工具栏中的 Material Editor（材质编辑器）按钮，打开材质编辑器窗口。选择空白材质球，将其由 Standard（标准材质）转换为 VRayMtl（VRay 材质），赋予场景中的线管状金属 02。

（2）将 Diffuse（漫反射）颜色设置为黑色。

（3）将 Reflect（反射）增加 Noise（凹凸贴图），Y、Z Angle（Y、Z 角度）都设置为 90。

在 Noise Parameters（凹凸参数）里，将 Noise Type（噪声类型）设置为 Fractal（分形），Noise Threshold（噪声阈值）设置为 High（高）：0.675，Low（低）：0.335，Size（尺寸）：50.0。

（4）在 Bump（凹凸）增加 Noise（噪波贴图），Y、Z Angle（Y、Z 角度）都设置为 90。YTiling（Y 平铺）设置为 50.0。

将 Noise Parameters（噪声参数）设置为 Fractal（分形），Noise Threshold（噪声阈值）设置为 High（高）：0.675，Low（低）：0.335，Size（尺寸）：50.0。

图 6.198　线管状金属 02 材质 01　　图 6.199　线管状金属 02 材质 02

备注:

这里的参数只做参考，根据场景尺寸不同，参数不一致。

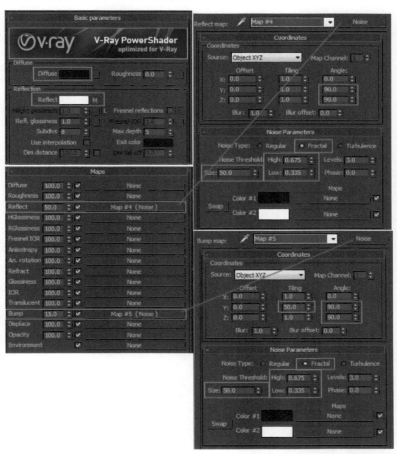

图 6.200　线管状金属 02 材质设置

水在不同的环境中呈现出不同的状态，即使是同一片湖水，在风和日丽的天气下，在大风凛冽的环境中，在细雨蒙蒙的天气中，在大雪纷飞甚至结冰的环境中，都会呈现出不同的面貌，这里讲 3 种不同的水的制作。

6.5.13 拉丝水

在有风的环境中拉丝水是常见的材质，一丝一丝的水纹加上波纹的流动，会使环境更加活跃，拉丝水材质及其设置界面，如图 6.201 和图 6.202 所示。

（1）单击主工具栏中的 Material Editor（材质编辑器）按钮，打开材质编辑器窗口。单击 Get Material（获取材质）按钮，在弹出的 Material/Map Browser（材质/贴图浏览器）窗口左栏中选择 Selected（选定对象）选项，在右栏显示所选模型使用的材质"拉丝水"，双击材质名称，将其调入材质编辑器窗口。

（2）选择 Blinn Basic Parameters（Blinn 基本参数）卷展栏，勾选 2-Sided（双面）复选框。选择 Phong 模式 `Phong`。单击 Ambient（环境光）和 Diffuse（漫反射）之间的按钮 C 将两者锁定，调节色彩为深蓝色，修改 Specular Level（高光级别）和 Glossiness（光泽度）分别为 120 和 55。

（3）在 Bump（凹凸贴图）卷展栏的凹凸通道上指定 Mix（混合贴图），在混合贴图里再增加 Noise（噪波贴图），调节两个不同的噪波，凹凸大小为 30 左右。

在黑色通道中指定 Noise（噪波贴图），Z Angle（Z 角度）设置为 20。X Tiling（X 平铺）设置为 0.3。

将 Noise Parameters（噪声参数）设置为 Fractal（分形），Size（尺寸）：50.0，Levels（水平）设置为 5.0，Color 分别设置为黑和白。

在白色通道中指定 Noise（噪波贴图），Z Angle（Z 角度）设置为 -20。X Tiling（X 平铺）设置为 0.4。

将 Noise Parameters（噪声参数）设置为 Fractal（分形），Size（尺寸）：25.0，Levels（水平）设置为 5.0，Color 分别设置为白和灰。

（4）在 Reflection（反射）通道上指定 VRayMap（VRay 反射贴图），数量为 100，VRay 反射贴图增加 Gradient（渐变），渐变使用 Screen（屏幕渐变）模式，这样会按照屏幕构成显示渐变效果。将 Gradient Parameters（渐变参数）中渐变颜色调成白色、灰色、黑色，Color 2 Position（颜色位置）设置为 0.35。

图 6.201　拉丝水材质

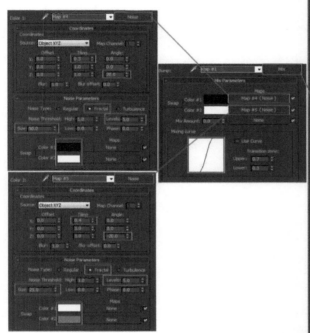

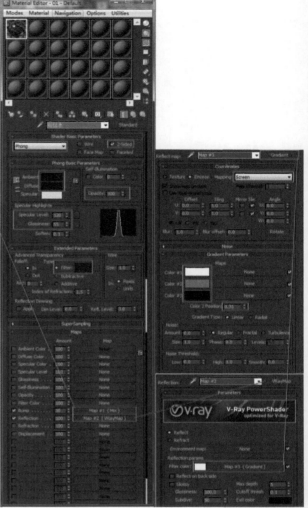

图 6.202　拉丝水材质设置

6.5.14　浅水和鹅卵石

　　景观水、小溪等浅水，在清澈干净的环境中会透出下面的鹅卵石，浅水和鹅卵石材质及其设置界面，如图 6.203 和图 6.204 所示。

　　（1）单击主工具栏中的 Material Editor（材质编辑器）按钮，打开材质编辑器窗口。单击 Get Material（获取材质）按钮，在弹出的 Material/Map Browser（材质/贴图浏览器）窗口左栏中选择 Selected（选定对象）选项，在右栏显示所选模型使用的材质"浅水"，双击材质名称，将其调入材质编辑器窗口。

　　（2）选择 Blinn Basic Parameters（Blinn 基本参数）卷展栏，勾选 2-Sided（双面）复选框。选择 Phong 模式 Phong 。单击 Ambient（环境光）和 Diffuse（漫反射）之间的按钮 C 将两者锁定，调节色彩为深蓝色，修改 Specular Level（高光级别）和 Glossiness（光泽度）分别为 120 和 55。

　　（3）在 Opacity（不透明度）通道上指定 Gradient（渐变贴图），透明度设置为 60。渐变使用 Screen（屏幕渐变）模式，这样会按照屏幕构成显示透明的渐变效果。将 Gradient Parameters（渐变参数）中的渐变颜色调成白色、灰色、黑色，将 Color 2 Position（颜色位置）设置为 0.35。

　　（4）在 Bump（凹凸贴图）卷展栏的凹凸通道上指定 Noise（噪波贴图），凹凸大小为 30 左右，Size（尺寸）：80.0。

　　（5）在 Reflection（反射）通道上指定 VRay Map（VRay 反射贴图），数量为 100，VRay 反射贴图增加 Gradient（渐

变），渐变使用 Screen（屏幕渐变）模式，这样会按照屏幕构成显示反射的渐变效果。将 Gradient Parameters（渐变参数）中渐变颜色调成白色、灰色、黑色，Color 2 Position（颜色位置）设置为 0.35。

图 6.203　浅水和鹅卵石材质

图 6.204　浅水和鹅卵石材质设置

6.5.15 鹅卵石

在水底的鹅卵石是另外一种物体模型，它会透过清澈的水反射出来。一般用一张贴图简单处理，如果想要动态效果，可以通过做鹅卵石的贴图动画来模拟水的折射，鹅卵石材质及其设置界面与水底鹅卵石的效果，如图 6.205~ 图 6.207 所示。

（1）单击主工具栏中的 Material Editor（材质编辑器）按钮，打开材质编辑器窗口。单击 Get Material（获取材质）按钮，在弹出的 Material/Map Browser（材质/贴图浏览器）窗口左栏中选择 Selected(选定对象)选项，在右栏显示所选模型使用的材质"鹅卵石"，双击材质名称，将其调入材质编辑器窗口。

（2）选择 Blinn Basic Parameters（Blinn 基本参数）卷展栏，单击 Ambient（环境光）和 Diffuse（漫反射）之间的按钮 C 将两者锁定，指定鹅卵石的贴图。

打开 Noise（噪波）卷展栏，勾选 On（开启）、Animate（动画）复选框，将 Amount（数量）设置为 2.0，Size（大小）设置为 0.2，Phase（相位）设置动画为 0~2。可以单独渲染鹅卵石的材质，看它的纹理动态效果。

图 6.205　鹅卵石材质

213

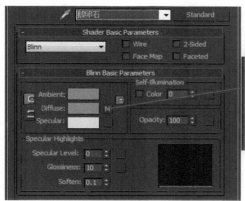

图 6.206　鹅卵石材质设置

图 6.207　水底鹅卵石的效果

6.5.16 平静的水

风和日丽的环境中平静的水是常见的状态。它有凹凸的纹理，却不会像拉丝水那样丝丝分明，平静水材质及其设置界面，如图 6.208 和图 6.209 所示。

（1）单击主工具栏中的 Material Editor（材质编辑器）按钮，打开材质编辑器窗口。单击 Get Material（获取材质）按钮，在弹出的 Material/Map Browser（材质 / 贴图浏览器）窗口左栏中选择 Selected（选定对象）选项，在右栏显示所选模型使用的材质"平静水"，双击材质名称，将其调入材质编辑器窗口。

（2）选择 Blinn Basic Parameters（Blinn 基本参数）卷展栏，勾选 2-Sided（双面）复选框。选择 Phong 模式 `Phong` 。单击 Ambient（环境光）和 Diffuse（漫反射）之间的按钮 将两者锁定，调节色彩为深蓝色，修改 Specular Level（高光级别）和 Glossiness（光泽度）分别为 120 和 55。

（3）在 Bump(凹凸贴图)卷展栏的凹凸通道上指定 Noise(噪波贴图)，凹凸大小为 3 左右，Size（尺寸）：200.0，Phase（相位）设置动画为 0~2。这样直接在水的物体上制作动画，就没有水底鹅卵石等物体了。

（4）在 Reflection（反射）通道上指定 VRayMap（VRay 反射贴图），数量为 100，VRay 反射贴图增加 Gradient（渐变），渐变使用 Screen（屏幕渐变）模式，这样会按照屏幕构成显示反射的渐变效果。将 Gradient Parameters（渐变参数）中渐变颜色调成白色、灰色、黑色，将 Color 2 Position（颜色位置）设置为 0.35。

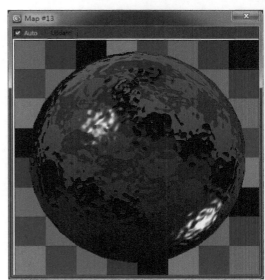

图 6.208　平静的水材质

图 6.209　平静的水材质设置

6.6　本章总结

本章主要讲了不同材质的不同属性，罗列了动画师一般比较难理解的玻璃、金属、水的不同状态的材质调节。要知其然知其所以然，只有知道了不同材质的特性和在不同环境中的效果，才能知道在不同的场景中怎么搭配调节，最终在较短的时间内实现理想的效果。

第 7 章
灯光和渲染
——360°镜头的照明

7.1 灯光和渲染概述

在使用默认渲染器的时代，需要制作很多灯光来模拟天空的照明。利用模拟光线的每一次反弹，来尽可能地模拟出它周围的世界，而不是将重点放在渲染出真实世界。现在，由于计算机硬件的升级，已经可以优化场景并模拟出真实的全局照明的效果。

我们可以使用光线渲染出单帧，专注于场景的艺术创作部分，而不用花时间来手工处理渲染每次的光线反弹。

在真实世界中，光线不知道自己是在公园中漫游还是通过一扇窗户进入室内又在墙上反弹了数千次。现在提供给我们全局照明的大多数渲染器也没有区分这一点，这就需要我们自己控制。

室内和室外的渲染是有区别的，用一个为室外场景做的灯光来照明一个室内场景，那就大材小用了。弄清楚室内室外的区别可以很好地控制渲染的效果，并且加快最终的渲染速度，如图 7.1 和图 7.2 所示。

图 7.1　室内渲染

图 7.2　室外的渲染

7.1.1 室内

如何使用 VRay 照明室内场景？多学习些绘画、摄影、灯光与 CG 的室内照明方面的基础知识，会对室内渲染有帮助。

我们要观察现实中的生活环境，观察与理解真实世界让我们模拟真实世界照明的过程变得更容易，这比我们模拟照片要强得多。这不只是观察物体模型，还要观察和理解光线进入室内的过程。光线的反射、漫反射等是光线与不同材质交互作用的结果。

绘画是我们在工作中最好的提升手段，建筑动画的绘制只是使用计算机这种新的媒介来画画。摄影能帮助我们加强对光影关系的理解。当光线通过窗户照射进来，房子就变成了一个暗箱，而窗户的作用就像是小孔，将从外面照射进来的光线倒置过来，像相机的成像原理。场景中的窗户与相机不同的是没有一个巨大的镜头来聚焦，所以进入室内的光线会变得完全模糊，并被倒置过来。但是全局照明渲染器提供了非常精确的渲染方法，所以我们能在虚拟的环境中得到与真实世界一样的场景，如图 7.3 所示。

图 7.3　室内光线

我有两个经验：

（1）在窗户处，放一个简单的提供区域光源的灯，能在两种情况下使用。第一种，当室内区域的大气密度很高的时候，因为在这种情况下光线的色彩与密度从所有角度看都是相同的（如飞机上）；第二种，通过在窗户的位置放一个白色的柔光箱来模仿真实的场景，如图 7.4 所示。

（2）当对室内进行照片级效果照明的时候，室外环境确实会对室内产生影响，如图 7.5 所示。

图 7.4　在窗户处放一个光源

图 7.5　室外环境对室内环境的影响

1. 室外照明的要素：Sky，HDR Texture 的色彩与强度

室外照明要素对于整个场景来说至关重要。天空的色彩很少是统一的。尽管 VRay Sky（VRay 天空）能够非常精确地重建出物理天空，但实际上没有人能够捕捉我们头顶上这个极端复杂的天空，因此，我们想要一个逼真的环境，就需要非常多的细节。

通过综合 VRay Sky（VRay 天空）算法与半球形 LDR（低动态范围贴图），使用不同的混合方式，甚至在两种功能上使用部分透明的效果来得到非常有趣的效果。球天照明是一个非常实用的功能，使用一个半球形全景真实天空的贴图来作为环境贴图，能够营造一个有大量细微色彩变化的效果。它将强度信息缩放到 0~255 的范围中，如图 7.6 所示。

注意：

贴图库中有很多天空的全景无缝贴图，或者使用球形镜头自己拍摄照片并制作球天。

图 7.6　全景无缝贴图天空

2. 外部物理元素

室外的每个元素（如色彩和强度）都能影响到室内。穹顶天空发出的部分光线会以一个特定的入射角直接照射到室内的场景，同时也会影响到室外的元素，进而在室外元素上反射的光线会以各种角度与强度进入室内区域造成色溢现象。因此正确设置场景是极其重要的。大多情况下，只要注意室外场景的海拔、地面（地形、土地、地板等）的造型与材质，还有附近的一些东西，例如建筑、墙壁、植物等就足够了，如图 7.7 所示。

图 7.7　室外场景

如果这些元素对于最终图像起不到太大作用，就使用低精度的模型。这是一种简单高效的让光线在这些对象上反弹的方法，为室内场景创建了一个合适的反射模型。

不论是否使用了 VRay Sky（VRay 天空）的物理属性、纯色或是半球的 HDR 贴图，都要控制好场景，让渲染器知道在什么地方投射光线，如何投射这些光线。

如果是在天空穹顶上从所有方向投射光线下来，并让它们通过任何开放的地方（如窗户）进入室内场景中，就会产生弊大于利的效果，渲染也需要更多的时间，并且渲染结果会很"脏"（杂质过多）。

在 VRay 渲染中通过在每个窗框的位置放置一个窗户大小的 VRayLight（VRay 光），就等于告诉渲染器外面是哪里，有多少光会进入场景中，光线会如何影响到最终的照明。这是一种更快速的布置光线的方式，如图 7.8 所示。

图 7.8 布光

3. 太阳、物理灯光与高动态范围贴图 (HDR)

使用球天照亮场景能得到合适的色彩与色调，但是得到的强度非常有限。穹顶与太阳之间的强度差异是非常大的。要重现像太阳光这样复杂的光线，就要用到 VRaySun（VRay 太阳光）和 VRayLight（VRay 光）。

VRaySun（VRay 太阳光）是一个用来模拟阳光的光源。这个光源总的来说可以被用于模拟标准的阳光，太阳光的光线是完全平行的，并且还可以调整光线的强度与维度，从而让阴影更加柔和。

但是，一方面这个工具不允许使用色彩控制，它是适应于色彩由入射角度定义的真实太阳的物理属性。另一方面，VRaySun（VRay 太阳光）没有使用 Irradiance Map 来进行能量分布，如果 VRaySun（VRay 太阳光）进入场景，所有的光线都是在渲染时计算出来的，不能够预缓存，因此增加了最终的渲染时间。

VRayLight（VRay 光）是一种基于物理的工具，从面光源到球形灯光，或者是使用任何给定的三维网格做外形的光源，都是一种可以从各种各样的源头产生出来的多功能光源而设计的。

当模拟太阳的时候，最合理的选择就是使用球形光源，球形光源就像太阳本身，向所有方向发射光线，因为我们

与太阳之间的距离是非常远的，所以当光线到达地球的时候看起来就像是平行的。使用 VRayLight（VRay 光）来模拟太阳的真实尺寸与到地球的真实距离是不可能的，也不现实。

无论是在真实生活中，还是在使用 VRayLight（VRay 光）的时候，光线的强度和光源与物体的距离的平方成反比。

VRayLight（VRay 光）可以包含缓存信息，并且加快渲染速度。也可以控制强度、维度，特别是色彩。VRayLight（VRay 光）不仅可以用于直接照明的光源，还可以用于阴天的效果。

球天是没有照明信息的，它需要其他光源来模拟晴天、薄雾或阴天。如果使用高动态范围贴图（HDR），图像就不一样了。高动态范围贴图包含了 HDR 和 EXR 两种模式，每个通道能够存储 32 位的信息。因此能比 LDR 格式提供更高的强度。大多数情况下，当我们做建筑动画的时候，一张单独的照片不足以捕捉一个半球形的穹顶，需要使用大量有不同曝光度的照片来创建最终的图像。通常使用 6~8 种不同的曝光度就能达到要求，从而尽可能得到最好的结果（例如 1/2S、1/8S、1/30S、1/125S、1/500S、1/2,000S，）。所以摄影师拥有广阔的眼界也有助于我们提高作品质量，高动态范围贴图（HDR）效果，如图 7.9 所示。

图 7.9　高动态范围贴图 HDR

一张图片能包含环境中从极端高强度到极低强度的信息，假定这张图片可以被拍摄或制作出来，它就能以最真实的方式来照亮建筑动画场景。图片在色调、色彩还有强度上包含了大量的信息，可以被用于使用单个的贴图来重建阳光，免去了使用 VRaySun（VRay 太阳光）或 VRayLight（VRay 光）等灯光的麻烦。但是，使用 HDR 图像照亮场景最明显的缺点就是对最终的结果缺乏控制，例如不能单独调整太阳或天空的色彩及强度。

7.1.2 室外

大部分情况下，除室内光外，所需的人造光源很少，并且面光源应用在室外环境中照明的流程和室内照明是一样的。

1. 人造光源

从细致而特别的 VRayIES（光域网）到可以做多种改变的 VRayLight（VRay 光），VRay 有多种解决方法来模拟场景中任何一种人造光。在建筑动画中，人造光源主要有两个用途，最重要的是用于定位与完美地重现真实世界中的任何一个人造光源，另一个是创建不可见的辅助光。

VRayIES（光域网）和 VRayLight（VRay 光）都可以非常准确地模拟真实生活中的人造光源。当需要照片级效果的时候，建议大家观察真实生活中已有的特定照明设施，然后在建筑动画中重建。在真实世界中，照明装置都是使用柔光箱、反光板来配置的。无论是摄影还是电影制作中，这样做有两个目的：一方面，定义了一个特别的照明设施，创建了特别的大气环境，另一方面能使用多个光源照亮场景，从而平衡最终的照明曲线。

除非是重建一个特殊的艺术环境，否则照明一个场景的最好方法就是使用自然光源，或者是使用真实可见的人造光源。它可以通过高动态范围（如 EXR）与直接集成到渲染器中的 Color Mapping（颜色贴图）控制功能实现，而无须辅助光源。

2.VRayIES（光域网）插件

在 VRay 中加载 IES 光域网文件。这种光域网在照片级的效果中能提供很大帮助，它包含灯具的光线分布信息。

VRay 功能允许我们添加特定的调节，例如是否保留最初的造型来投射正确的阴影、自定义色温等，光域网效果如图 7.10 所示。

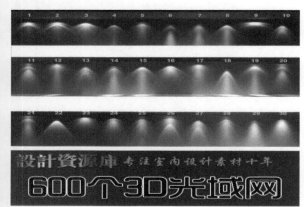

图 7.10　光域网

3.VRayLight

有时候 IES 文件无法得到我们需要的结果，就要使用 VRayLight（VRay 光）。从一个有等比分布的灯泡到一个模拟柔光箱的矩形面板，或者是一个有矩形 LED 分布的灯具到一个使用 VRayLight Mesh（三维网格模型）来创建的随机光源，可能性是无限的。

这两种光源在重建真实世界的时候几乎可以百分之百地重建当时的情况。两种模式默认都是按照正确的物理方式来分布光量的，VRay 光效果，如图 7.11 所示。

图 7.11　VRay 光

4. 常规静物或建筑动画的 GI 参数设置

一般情况下，默认参数能在大多数情况下给我们优化的结果。在工作中，经常看到动画师们死记硬背各种渲染参数，追求不同场景的神奇参数。其实掌握合成（摄影，绘画基础）、色彩和照明才是最重要的。使用渲染器，彻底了解每个参数，知道它们是做什么的，还有如何在渲染器中启用与禁止各个复选框，让渲染器真正像自己的手一样工作，让它成为我们的工具，而不是被各种参数带着走。

根据不同的场景可能需要调整一个或几个参数，但是一旦确定了能做什么、为什么要做，就能轻松完成这个过程，这需要经验的积累。VRay 渲染器真正难的地方不是它很复杂，而是很灵活，它提供了很多优化选项并且适合各种情况。VRay 官方手册已经提供了我们所需要的参数功能和案例，与其去网上找各种主题的参数搭配，还不如认真地查阅 VRay 官方手册，更能帮助我们准确地了解它的详细内容。

5. 静态图片

通过将一次反弹上的 GI 切换为 Light Cache（光缓存）GI engine Light cache ，在 Irradiance Map（发光贴图）上使用中级预设 Current preset: Medium ，间接照明面板上的默认参数就产生了一个合理的初始结果。将通用设置的参数合并起来就创建了适用于大多数情况的优化结果。

通过通用参数得到的结果从质量上是可以接受的，但是灵活性和渲染速度存在不足。如果去掉这个方法，得到的效果会有很多噪点，计算速度会明显下降。但是可以通过大量的调整来优化不同的选项，并且减少计算时间。

除通用设置外，还有别的参数组合能得到更加精确、没有噪点且速度更快的结果。

6. 建筑动画

我们为建筑动画镜头做序列帧，例如摄像机穿过一个需要飞行经过的场景，但是里面的灯光或对象是完全不允许修改的。这种情况就需要操作简单的参数。第一阶段，通过绘制虚拟摄像机的路径将场景中的光线预先计算出来，第二阶段包括了使用所有的照明数据来运行缓存文件，从而在飞行穿越的过程中重建每一帧。

在序列中，物体、光线和摄像机都是沿着时间线变化的。例如，物体生长动画、灯光变化动画、摄像机变焦动画等，因为 GI 自身的原因，在从一帧到另一帧转换的过程中，根据最终的渲染方法的不同，是无法避免闪烁与杂点的问题的。这与它的随机取样有关。

帧与帧之间光线的变化很容易在边缘与对象之间交错的位置看出来，因此，在处理物体与光线的运动、变形或摄像机运动的时候，启用 Use Camera Path（使用摄像机路径） Use camera path ✓ 选项，计算空间与每一帧中所有的取样，能在大多情况下解决闪烁的问题。

7. 渲染输出与全局参数

一些情况下，在建筑动画中。需要增大抗锯齿取样值来防止，在高对比度的地方与像素级别过量的区域产生闪烁的问题。

当提升最终图像质量、减少杂质和噪点的时候会有一系列参数。杂质是以各种形式在所有场景中出现的渲染模糊值的时候生成的。DMC Sampler（DMC 采样器） Type: Adaptive DMC 是渲染器的一个重要功能，它控制了场景中杂质的大小和数量。当调整特定渲染器中的全局杂质的时候，杂质阈值就是一个很重要的参数，这个值越小，图像中杂质越少，渲染时间越长，得到的图像越清楚。建议动画师多做尝试，得到工作中最合适的经验值，而不是死记硬背参数。

8. 贴图光源

VRayLight（VRay 光）可以按照平面或穹顶天的方式来贴图。换句话说，它能够过滤一张位图。它默认是指表面是纯色、均匀的颜色。真实世界中没有这种东西存在，

即使在柔光箱中看到的那种光也是不完美的，这里或那里是存在差异的，特别是在边缘接缝与光源的中心处，设置光源并不只会影响到光源本身的色调、颜色和亮度，还会被作为光源的反射效果被觉察，能明显增强来自同一个光源的直射光与反射光。

参考照片，比任何附加功能更有利于作品真实性的表现。可以在网上找关于柔光箱的 HDR 和 LDR 图像，和完整的真实光源的摄影资料。

9. 渲染输出与全局参数

VRay 渲染器能呈现光源，但是还有一些物理特效的细节需要注意，例如焦散，如果缺少就会使照片看起来不真实。当进行照片合成的时候，焦散强调了场景中某些特定部分，或者尽量让它更真实。反射焦散是一种非常有用的功能，却经常被忽略，效果如图 7.12 所示。

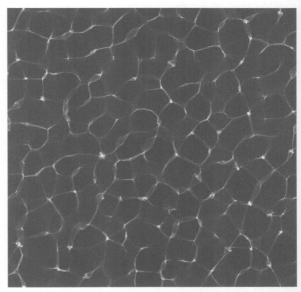

图 7.12 反射焦散

7.2 案例背景分析

本案例是一个小区的高层住宅，镜头沿着小区中心的景观轴飞过，并且是一个 360° 的镜头，要注意灯光的高度和角度。由于是高层小区，人们一般不喜欢楼间距小、绿化率底的住宅。楼间距小，会让低的楼层没有阳光，所以灯光的高度就要够高，保证两侧高层住宅的阴影不会落在对方身上。由于住宅是人们平时居住休息的地方，景观最能体现小区的档次，所以景观一定要做得丰富有层次，加上动态的水景、人、车，鸟等，使整个场景活跃起来，如图 7.13~ 图 7.16 所示。

图 7.13　360°镜头 01

图 7.14　360°镜头 02

图 7.15　360°镜头 03

图 7.16　360°镜头 04

7.3　球天的制作

建筑动画表现中，天空、建筑、地面是构成画面的主要部分，也是体现空间感和尺度感的主要元素。它们

是相辅相成又彼此分离的。就像画画一样，前期把它们的空间感和色调处理好，画面的基调就基本出来了。根据相机的角度选择不同透视角度的天空。既要符合画面角度透视，又要清晰有层次感，即上下左右的明暗和冷暖渐变。要注意天空亮的地方一定是主阳光的所在地，切忌出现阳光方向上是天空的暗部，或者强烈光线下出现黄昏的天空这种低级错误。

首先明确天空基调，建筑动画中，常用球天模拟天空。就是通过一张天空贴图贴在半球形的模型上，来模拟远处的天空。

（1）单击 Create（创建）面板下的 Geometry（几何体）按钮，在 Object Type（对象类型）卷展栏中单击 Sphere（球体）按钮，在 Top（顶）视图中根据场景需要创建一个球体，如图 7.17 所示。

图 7.17　创建天空

（2）在视图内单击鼠标右键，在快捷键菜单中选择 Convert To → Convert To Editable Mesh（转换为→转换为可编辑网格）命令，将球体塌陷为可编辑网格物体，如图 7.18 所示。

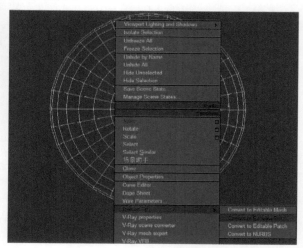

图 7.18　天空的设定 01

225

（3）切换到 Front（前视图）选择球体，进入 Modify（修改）面板，在 Selection 卷展栏中选择 Polygon（多边形）按钮，然后选择球体下半部分的多边形，按 Delete 键将其删除，如图 7.19 所示。

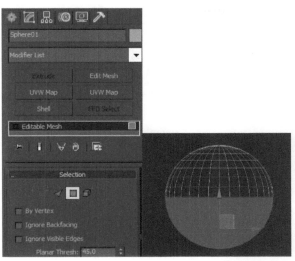

图 7.19　天空的设定 02

（4）在半球体上单击鼠标右键，在快捷菜单中选择 Scale（缩放）命令，在前视图沿着 y 轴缩小半球高度，将半球体适当压扁，将球体更名为 SKY，如图 7.20 所示。

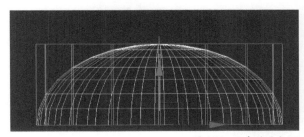

图 7.20　天空的设定 03

（5）单击工具栏上的 Material Editor（材质编辑器）按钮，在弹出的对话框中选择一个空材质球并命名为 SKY，在 Shader Basic Parameters（阴影基本参数）卷展栏中选择 Blinn 阴影方式，并勾选 2-Sided（双面）复选框，如图 7.21 所示。

图 7.21　天空的设定 04

（6）单击 Material Editor（材质编辑器）按钮，单击 Maps（贴图）展卷栏中的 Diffuse Color（漫反射颜色）

按钮，为球天指定贴图。再回到 Blinn Basic Parameters（明暗期基本参数）卷展栏中，将 Self-Illumination（自发光）的数值设置为 100。将 SKY 材质赋予球体。这里由于要使天空亮度方向和阳光一致，所以调整天空贴图的方向，勾选 Mirror（镜像）复选框，关闭材质编辑器，如图 7.22 和图 7.23 所示。

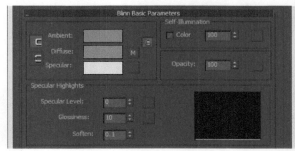

图 7.22　天空的设定 05

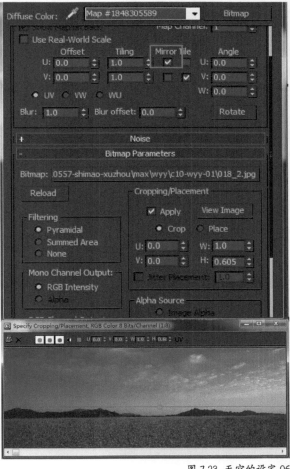

图 7.23　天空的设定 06

（7）单击修改按钮，从 Modifier List（修改器列表）中选择 UVW MAP（UVW 贴图）为球体加上贴图坐标修改器。进入 Gizmo 子层级，将贴图坐标方式指定为 Cylindrical（圆柱形），同时单击 Fit（适配）按钮，将天空贴图适配到球天，如图 7.24 所示。

（8）选择球体单击鼠标右键，在 Object Properties（对象属性）对话框的 General（常规）选项卡中，取消 Receive Shadows（接收阴影）和 Cast Shadows（投射阴影）复选框的勾选。在 VRay Properties（V Ray 属性）对话框中，取消 Generate GI（产生 GI）、Receive GI（接收 GI）和 Visible to GI（看见 GI）复选框的勾选，如图 7.25 所示。

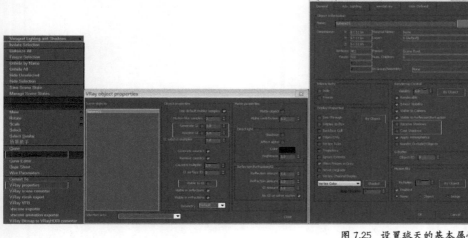

图 7.25　设置球天的基本属性　　　　图 7.24　天空的设定 07

（9）渲染摄像机视图，观察渲染效果，可能需要多次调整才能达到满意效果，如图 7.26 所示。

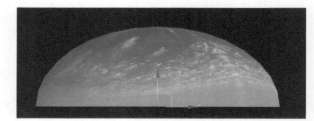

图 7.26　球天

7.4　灯光的设定与调整

动画师接到镜头后，会有模型文件和制作要求或策划脚本。项目负责人会分析整个项目背景和制作基调，告知每个镜头是做什么时间段的，例如做清晨、白天，或者黄昏、夜景。动画师要按照项目镜头的要求制作灯光效果。

这里用 3ds Max 的 VRaySun（VRay 阳光）做太阳光，不断调整光线的方向和高度，使得阳光通过楼间距照射进画面中央，还要注意楼的阴影不要太长，把画面的视觉中心引向景观。如图 7.27～图 7.30 所示，这是渲染出来的灯光测试。

图 7.27　灯光测试 01

图 7.28　灯光测试 02

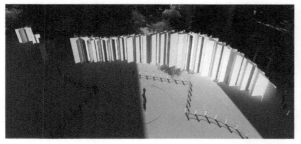

图 7.29　灯光测试 03

图 7.30　灯光测试 04

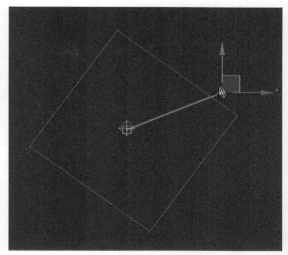

图 7.32　顶视图 VRaySun

注意：

从顶视图看，太阳光一般离建筑物比较远，这与我们的现实生活一样，太阳离地球是很远的。

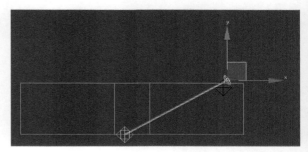

图 7.33　前视图 VRaySun

注意：

在高度上，黄昏时段太阳已经要下山了，所以高度不会很高。

（2）在弹出的 VRaySun 对话框中单击否（N）按钮，即 VRaySun 和 VRaysky 分别具有单独的数值，这样我们可以根据需要更灵活地控制场景，如图 7.34 和图 7.35 所示。

图 7.34　不关联 V Ray Sun

注意：

由于 turbidity（大气的混浊度）设置为 8.0，所以灯光测试的单帧是淡黄色的，而不是我们常见的白色。这也可以说明，我们做的是黄昏效果。

7.4.1　用 VRaySun 制作太阳光主光源

（1）进入 Creat（创建）面板，单击 Lights（灯光）按钮，在 VRay（VRay 光）下，单击 VRaySun（VRay 阳光）按钮，在顶视图中创建 VRay 阳光，VRaySun 设置及顶视图 VRaySun、前视图 VRaySun，如图 7.31～图 7.33 所示。

图 7.31　V Ray Sun

图 7.35　VRaySun 参数

size multiplier（太阳的大小）和 shadow sub divs（阴影细分）要互调。

上面的经验值和解释只针对 3dsMax 相机，对于 VR 相机来说就不灵了

　　上面的经验值和解释只针对 3ds Max 相机，对于 VR 相机来说就不适用了。

7.4.2　用背景颜色制作天空光

　　天空光也就是环境光，主要是在自然环境下的光，比如阴天时我们看到的光。阴天的光线比较柔和，可以用背景颜色控制天空光，也可以用渲染面板中的环境光控制天空光。它们性质相似，只是渲染面板中的环境光能够调节强度，而用背景颜色控制的不能调节强度。

　　（1）打开 Rendering（渲染）卷展栏，选择 Environment（环境）选项卡，如图 7.36 所示。

图 7.36　VRaySun

　　（2）在 Environment（环境）面板中调节 Color（颜色）选项，Color 越白，天空光越亮，反之天空光就越暗。这个效果类似于 VRay Render（VRay 渲染器）面板中 VRay Environment（环境光）的效果，如图 7.37 和图 7.38 所示。

注意：

具体参数，要根据实际项目调节，这里只做参考。

- 勾选 enabled 复选框，开启面光源。
- turbidity（大气的混浊度）。本案例中为了加强黄昏效果，渲染气氛，turbidity（大气的混浊度）设置为 8.0。
- intensity multiplier，它控制着阳光的强度，数值越大阳光越强。本案例中为了配合 turbidity（大气的混浊度）产生的效果，使场景在正常的光线范围内，intensity multiplier（阳光的强度）设置为 0.085。
- size multiplier，该参数可以控制太阳的尺寸，阳光越大阴影越模糊，用它可以灵活地调节阳光阴影的模糊程度。本案例中设置为 1.0。

注意：

turbidity（混浊度）和 intensity multiplier（强度）要相互调，因为它们相互影响。

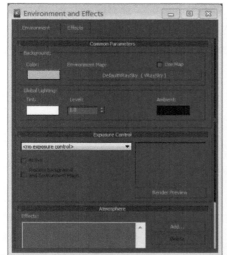

图 7.37　天空光 01

注意:

用背景颜色控制环境亮度，会使整体效果显得更干净。

图 7.38　天空光 02

注意:

环境光也可以使用天蓝色，这里根据场景做不同处理。

7.4.3　灯光测试

　　有时候用一个基本材质球测试灯光亮度、颜色、方位和阴影等。

　　打开 VRay 面板，在 Global switches（全局开关控制器）卷展栏中勾选 Override mtl（代理材质）复选框。代理材质就是一个默认标准材质。颜色调为灰色（200左右），把材质球拖到 Override mtl（代理材质）中，这样场景中的所有物体将使用该材质，如图 7.39 所示。

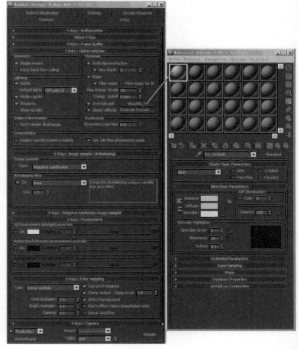

图 7.39　代理材质

7.5　场景材质及贴图的精细调整

　　本案例中喷泉和水的材质是最能体现画面效果的因素，是本镜头的高潮部分，也是材质调节的亮点和难点。喷泉是动态的，所以更活跃，在动态的水上再加以动画处理，使喷泉像音乐一样动起来，增加画面的灵动性。水的材质要注意水的反射和波纹，喷泉下的波纹受到喷泉的影响，纹理会比较大，也会有喷泉的反射。增加水底模型来模拟水底的沙石，为水景增加细节，材质效果如图 7.40 所示。

图 7.40　喷泉和水的材质

7.5.1 喷泉

本案例中有大面积的湖水，湖水中有观景平台，可供人们休闲玩耍，如果镜头只是从水面飞过，会显得过于空洞呆板，一般的自然湖水会种植水景植物，以凸显环境的自然感。本案例中是人工水，所以做了喷泉，以增加镜头的灵动性。

1. 喷泉的制作

使用"米"字片加贴图制作简单的喷泉，用 Line（线）画出"米"字片，单击修改按钮，从 Modifier List（修改器列表）中选择 Extrude（挤压）选项，让"米"字片变成立体状态，如图 7.41 所示。

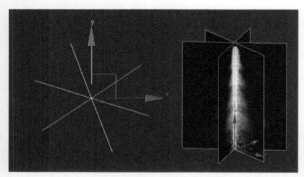

图 7.41　制作简单的喷泉

2. 喷泉的材质

喷泉是由水喷射而形成的。水喷射到空气中，会像水蒸气一样变成半透明的。要制作动态水效果，就需要动态的贴图序列。

（1）单击主工具栏中的 Material Editor（材质编辑器）按钮，打开材质编辑器窗口。单击 Get Material（获取材质）按钮，在弹出的 Material/Map Browser（材质/贴图浏览器）窗口左栏中选择 Selected（选定对象）选项，在右栏显示所选模型使用的材质"喷泉"，双击材质名称，将其调入材质编辑器窗口。

（2）选择 Blinn Basic Parameters（Blinn 基本参数）卷展栏，单击 Ambient（环境光）和 Diffuse（漫反射）之间的按钮 C 将两者锁定，调节色彩为白色，修改 Specular Level（高光级别）和 Glossiness（光泽度）分别为 66 和 30。

（3）在 Specular Color（高光）卷展栏上指定水的

贴图序列。由于贴图是黑色的背景，在 Specular Color（高光）上指定水的贴图序列，这样可以防止渲染出的喷泉有黑边。

（4）在 Opacity（不透明度）通道上指定水的贴图序列，由于水贴图有一定的灰度，可以做出透明度，但是，如果将水的贴图序列直接指定到 Diffuse（漫反射）上，渲染出来的水不够白，所以使用纯白色，加上 Opacity（不透明度），制作白色透明的水，水材质效果及其设置界面与喷泉材质序列，如图 7.42~图 7.44 所示。

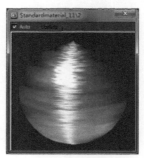

图 7.42　水材质效果

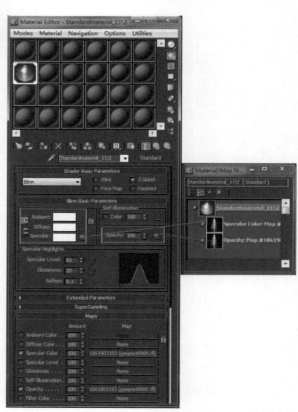

图 7.43　水材质设置

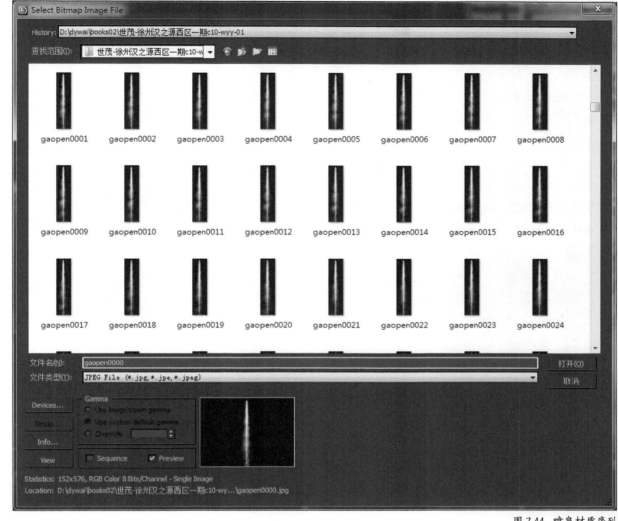

图 7.44 喷泉材质序列

注意：
这里也可以使用粒子喷泉，使其更加真实，喷泉的动态效果更加多样性。本案例中，为了增加渲染速度，使用了贴图的喷泉。

3. 音乐喷泉效果的制作

我们经常会在一些景观区看到音乐喷泉表演，喷泉像舞者一样根据音乐的变化翩翩起舞。制作音乐喷泉的效果，就是制作它的高低起伏变化，或者在晚上制作灯光颜色的变化，让它看起来像是在跟着音乐起舞。

先选一组喷泉，制作它的起伏变化，然后再复制这一组喷泉并修改它变化的时间和起伏的高度，从而形成错落的音乐喷泉。本例中，使用 FFD 调节时间线上的控制点来制作喷泉的起伏变化。

选择一组喷泉模型，在修改器面板增加 FFD4×4×4 命令。打开时间线上的（Auto Key）记录动画命令，调节FFD4×4×4的 Control Points(控制节点)高度，我们设置50帧为一个记录点，分别调节 FFD4×4×4Control Points(控制节点)的值。这里调节的高度视镜头的画面效果而定，没有固定参数，音乐喷泉设置如图 7.45~ 图 7.49 所示。

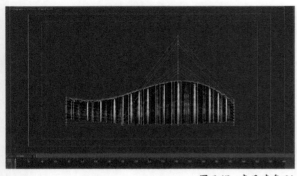

图 7.45　音乐喷泉 01

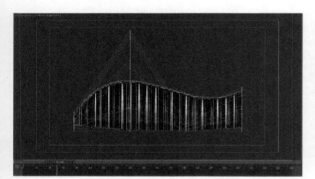

图 7.46　音乐喷泉 02

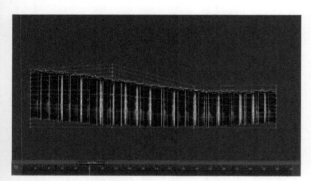

图 7.47　音乐喷泉 03

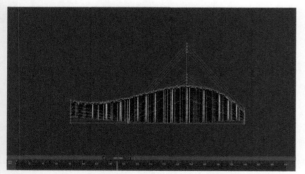

图 7.48　音乐喷泉 04

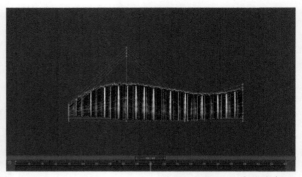

图 7.49　音乐喷泉 05

7.5.2　水的材质

水一般会做两个物体来表现，即水面和水底。把水物体复制一层，上面做水的材质，下面做水底的材质。这样水能够反射出场景，也能折射出水底，加上水波纹的流动和喷泉的动感，为水面增加了细节和灵性。

（1）单击主工具栏中的■ Material Editor（材质编辑器）按钮，打开材质编辑器窗口。单击■ Get Material（获取材质）按钮，在弹出的 Material/Map Browser（材质 / 贴图浏览器）窗口左栏中选择 Selected（选定对象）选项，在右栏显示所选模型使用的材质"水"，双击材质名称，将其调入材质编辑器窗口。

（2）选择 Blinn Basic Parameters（Blinn 基本参数）卷展栏，单击 Ambient（环境光）和 Diffuse（漫反射）之间的按钮■将两者锁定，调节色彩为深绿色，修改 Specular Level（高光级别）和 Glossiness（光泽度）分别为 116 和 63。将 Opacity（不透明度）设置为 50。

（3）在 Bump（凹凸贴图）卷展栏的凹凸通道上指定 Noise（噪波贴图），在 Noise（噪波贴图）里调节动态水的数值变化，凹凸数量为 15 左右。在 Noise（噪波贴图）里面再加一层 Noise（噪波贴图），以增加细节。

（4）在 Reflection（反射）通道上指定 VRayMap（VRay 反射贴图），数量为 50，VRay 反射贴图的参数保持默认，水材质及设置界面如图 7.50 和图 7.51 所示。

图 7.50　水材质

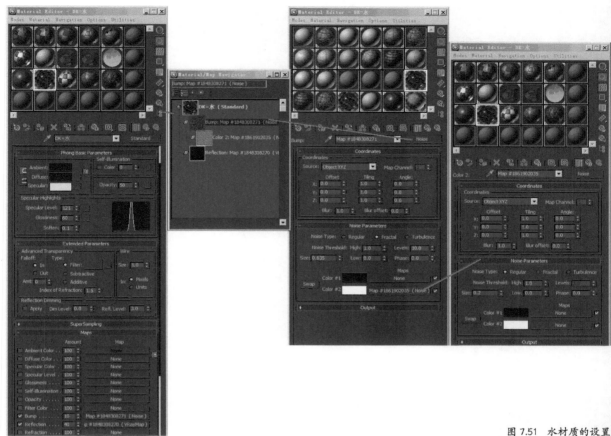

图 7.51　水材质的设置

7.5.3 水底材质

由于是小区水景，水底是人工制造的鹅卵石，鹅卵石长时间在水下长满了青苔，所以用青苔和鹅卵石的 Blend（混合材质）制作水底，模拟真实环境下的水底，水底材质及设置如图 7.52 和图 7.53 所示。

（1）单击主工具栏中的 Material Editor（材质编辑器）按钮，打开材质编辑器窗口。单击 Get Material（获取材质）按钮，在弹出的 Material/Map Browser（材质/贴图浏览器）窗口左栏中选择 Selected（选定对象）选项，在右栏显示所选模型使用的材质"水底"，双击材质名称，将其调入材质编辑器窗口。

（2）分别在混合材质上放入鹅卵石和青苔的贴图，并用黑白通道贴图混合。这里为了效果使用了 Blend（混合材质）和 Mix（混合贴图）多次混合。

（3）为了方便控制鹅卵石和青苔的混合比例，这里分别指定材质的 UVW 贴图通道，来调节水底的材质贴图。

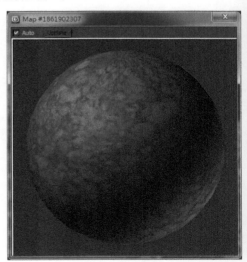

图 7.52　水底材质

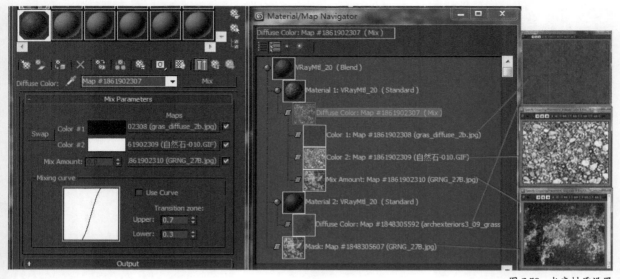

图 7.53 水底材质设置

7.6 本章总结

本章讲了建筑动画的灯光和渲染，讲解了灯光在高层住宅景观中的制作方法，可以通过素模材质调节灯光的方向和高度，更加直观地看到光影效果在场景中的作用。为了渲染黄昏效果，我们对 VRay 灯光参数做了色调的搭配调整，但是最后效果还是需要经过不断测试得到。

材质场景部分讲解了景观场景中常用材质水的调节和如向使用喷泉表现镜头的灵动感。最后讲解了最终渲染参数的调节等。

动画师平时要多观察现实世界中的光影关系，包括绘画、摄影、电影中的光影关系。多看好的动画作品是如何出彩的，《异类》一书提到的一万小时定律，运用到我们的工作中，也会灵验的。

第 8 章
大自然的魅力
——春夏秋冬

8.1 概述

大自然在建筑中扮演着重要的角色，很多杰出的建筑作品是被大自然中植物复杂的有机造型所启发的，建筑和植物能形成视觉上的对比与和谐。自然与建筑的结合能够得到令人叹为观止的作品，甚至很多设计师将建筑内的自然环境看作建筑作品固有的一部分。

8.1.1 构造与结构

制作植物的方法有很多种，有第三方独立软件，有插件，还有模型素材库，可以在素材库里面选择并放在自己的场景中。

自然界会在视觉场景中扮演重要角色，它表现为两个元素：植物根茎叶的结构与风力，这两个元素是精确与逼真地重现树木的基础。

植物的结构是极端复杂的有机造型，渲染这种类型的模型需要占用很大的 CPU 和内存，要实现想要的质量，就必须单独为整个虚拟场景生成一种或两种树，如图 8.1 所示。

图 8.1　为虚化场景生成树

我们可以用 VRay Proxy（VRay 代理）来种树，这是 VRay 内置的一个强大功能。

1. 剖析

在植物学领域，植物可以被分为不同的系，并归类为物种，学习一些植物学科的基础知识，可以分辨不同植物系和物种的分类与形态，不至于在工作中出现把棕榈树摆放在北方城市这种低级错误。

在重复性的区域使用同一种植物时，要注意使植物有一点变化，比如旋转、放大、缩小等。使其看起来更加自然，如图 8.2 所示。

图 8.2　同一种植物的变化

2. 构造

对于树木的制作来说，细节的多少与天气、风等有重要关系，我们分两个层级来说明。

第一个层级：生成从树木到倒数第二个层级的分枝。

树木的结构在这个阶段进行细化，从树木的主干到第一层级与第二层级的分枝，然后一直到倒数第二层级的分枝，从形态上来说，这对于每棵树都是至关重要的，因为它将一种树与另一种树区分开了。

第一层级是一个独立的结构，并且它是可以通过动画师使用外部树木制作软件或插件来手工建模的，或者可以从 CG 素材库中找到。想要真实的效果时，这种能模拟风力效果与为模型的表面添加细节的修改器是非常重要的。

注意，在建模阶段，要对主干与新枝干的接缝多加留意，这种方向的转换与改变是自然平滑的，但是很多生成叶片的软件并不能得到很平滑的效果。

第二个层级：最终分枝的生成。

第二个层级是能够用轻松直观的方式生成的，或者直接从图库中将树木移植到动画场景中，大部分问题都来自最后一级枝干生成与对应的层次（茎、叶子、花）的渲染。仔细观察一棵复杂的模型树上分布的多边形的百分比，会发现很多多边形位于最后一个分支上，因此，单独操作这部分，让它与其他部分区分开是很重要的。

只操作树木结构这一部分就允许对两个关键要素进行控制。

很多细节例如材质、造型、尺寸在与风类型的组合方式上和第一个构造级别（树干）中使用的流程不同，第二级是手工制作的。这主要是因为它在细化与应用风的类型方面提供了额外的灵活性与控制能力。

8.1.2 贴图和材质

尽可能进行优化，优化是实现灵活性的关键，它避免了渲染时间的浪费，特别是制作叶片、灌木甚至是草地的时候，动画师要注意整个优化过程，很小的失误就会让渲染时间成倍增加。

第一层级：映射（贴图坐标）。

第一级包括从树干到倒数第二级分枝的生成，使用素材库中树木模型现有的贴图坐标。

1. 材质

在制作逼真的树木时，要用到非常多细致的树干贴图，会使用非常消耗内存的高分辨率的贴图来制作，因此这个流程中就包含了在贴图坐标（拼贴）的过程中重复实际贴图的图案，在重复这个图案的过程中，要留意这些贴图的漫反射、高光、凹凸等，从而确保重复得没有那么明显。

和自然界其他材质一样，大多数的树干都是极端杂乱的，并且呈现出非常明显的特点，所以要多观察真实世界的样子，如图 8.3 所示。

图 8.3　自然界中的树干

第一层级制作过程中树皮上的树瘤与凹凸都是非常重要的，这个凹凸的表面可以通过置换来实现，或者通过材质来实现。在同一个场景中，使用一个或是两个树种的时候，树干表面使用非常多的细节可能会在内存方面造成问题，如果是表现一片森林，那么这种方法实际上就不太实用。

在第一级的模型中通过细分多边形的方式为模型添加更多的细节，并且添加 3ds Max 自带的置换模式来实现树皮上的肿瘤，这就为低频率的网格提供了第一级的细节与崎岖不平的效果。这个编辑器就使用基于灰度图的随机贴图对多边形进行置换操作。

另外，可以使用高精度的贴图创建非常真实的细节。

对于常见的贴图类型或数量来说是没有流程的，因此，我们要根据不同的场景选择最佳的搭配组合，而不是死记硬背参数，图 8.4 所示为真实树干。

图 8.4　真实的树干

第二层级：映射（贴图坐标）。

在处理最后分枝造型的时候，可以选择自己喜欢的方式。叶片或根茎可以很灵活，除了基于一个简单的多边形与透明贴图来创建一个叶片，还有别的方法。

大多数的叶片造型并不复杂，但是它的角度与曲线却能在高光与阴影方面增强最终的效果，这些元素在单独的多边形平面上是无法被觉察到的，当平面与对象的观察角度平行的时候更是如此。

2. 贴图

没有什么独特的材质能够用于创建最终的分枝。即使是使用较低的分辨率与较少细节的贴图，在第一层级材质中所做的也能应用到这个级别中，因为这个区域在整个镜头中几乎是看不见的，除非在前景中查看树的细节。

如果是制作树叶，材质就要更加细致，大多数的叶片都有一定程度的反射与半透明度不均匀地分布在表面上，还有凹凸不平的肌理。

我们可以将材质分为漫反射贴图，以及对应的定义叶片透明度的单色贴图遮罩，还有定义反射与漫反射效果的贴图，即灰度图。另外还可以给叶片一些凹凸的效果，它能增强高光的效果，如图 8.5 所示。

图 8.5　叶片上的凹凸效果

贴图是通过叶片的半透明程度来定义的，这个贴图有黑色区域，它们的造型就像穿过叶片的纹路，因为只有更少的光线能够穿越与照透这个区域，可以使用 RGB 或灰阶图来实现。

如果选择灰阶贴图，就可以指定穿越底部半透明级别的光线的精确数量，而 RGB 位图会通过补色给出色调，将半透明效果渲染出来。

材质的半透明程度越高，叶片的正面反射高光程度就越低，可以通过调整灰度级别值来避免意外。

8.1.3 散布与风力

如何在最后一层级长出叶片上的分散元素？它们是如何被风力影响的？

1. 散布

在为最后一级的枝干创建了一个或多个合适的模型后，就是将分枝变成可编辑的代理对象的时候，一个单独的代理对象适用于分枝上的所有元素，包括树叶。可以使用静态的或动态的对象，因为代理允许我们在代理对象的缓存中保存动画。

注意：

代理不支持输出材质，因此应将多维子对象材质（分枝、不同的叶片等）保存到自己的素材库中，方便以后应用。

2. 风力

风力可以使一些场景看起来更加生动，除了一些特殊情况，如直升机产生的风。我们经常使用的是微风的效果，它们看起来就是在柔和地摆动，我们只要做一些细微的随机运动并通过重复方式来重建零星的疾风。一般情况下都是微风，我们不需要使用动力学中那些不必要的复杂算法，这样既能节省时间，又能节省我们的内存。

（1）分枝随风摆动

在制作了分枝的模型后，接着就按照树木的主体结构来分布它们，我们可以在将它们塌陷成代理之前就为其添加动画效果。VRay Proxy 能够在时间线上保存动画，Multiscatter 也能以相同的方式来随机地控制动画循环。

在分枝的内部元素上使用两个基本元素：每个叶片都有很细微的旋转，从茎连接到枝干的位置开始旋转。

让分枝弯曲从而为风的特效添加更多的贴图，基本上所有的分枝都是非常柔韧的，因此在风中摆动的时候，它们看起来就像是在风中来回弯曲，如图 8.6 所示。

图 8.6 分枝在风中摆动

注意：

实现一个叶片旋转与一个主枝干弯曲的动画循环轻易就占据了时间线上的 0~150 帧。因此，从第一帧到最后一帧，让所有的元素基本上保持在同一个位置上是非常重要的，能让循环更加自然，并且避免在动画开始和结束的时候出现突然跳跃的情况。

（2）分散的风

为整棵树创建疾风的效果，从而为场景添加风的效果，并且让场景显得更加随机与特征化。

在处理动态树的渲染的时候，除非是制作更大的对象，或者是光影移动很大的时候，否则不需要每一帧计算照明。大多数情况下，叶片与枝干只是轻微摆动，即使相机也运动，使用我们经常使用的渲染方法就可以了，这样可以节省很多渲染时间，除非渲染有严重闪烁的情况，我们才考虑使用其他照明方式计算渲染。

现在有一个新的植物生成插件 GrowFX，这是一个比较复杂的插件，它能在树干与主分枝上无缝地生成分叉，并且可以通过改变数值来控制整体的外观。GrowFX 还有一个内部风力模块，它能使我们在塌陷到动画的 VRay Proxy 代理之前创建最后一级带有叶子的分枝。

8.2 春夏秋冬场景的制作分析

春夏秋冬场景多用于地产项目中，表现时间流逝。本案例用春夏秋冬加上从早晨到晚上的变化来表现住宅景观环境，以拉近与观众的距离，体现项目的亲和力。这个场景转场难度较大，需要结合考虑的元素较多，清晨的春天、中午的夏天、黄昏的秋天、傍晚的冬天，动画师不仅是做一个四季的变化，还要做一天的变化，它不是每个元素的动态变化，而是一个抽象的变化，要通

过制作的光线、颜色和一些细节上的表现来区分，结合四季和一天时间的变化，整体把握场景，理清楚制作思路，才能有条不紊地进行。如图 8.7～图 8.10 所示为最终渲染文件。

春夏秋冬要表现无缝转场，需要确定相机后，分成 4 段，分别为春、夏、秋、冬。场景植物等细化也要在分成 4 个场景前先确认好，要有大局观念。然后再根据 4 个季节不同的特点，分别制作 4 个场景文件。最后渲染时，各个场景衔接处的前后各多渲染 50 帧，即春渲染 0～150 帧，夏渲染 50～250 帧，秋渲染 150～350 帧，冬渲染 250～450 帧，用于后期剪辑叠加。

图 8.10　冬

8.3　春景的制作

一年之计在于春，一天之计在于晨，春天和清晨是美好的时间。那么春天的清晨是什么样子的呢？动画师可以回忆一下并找一些照片当作参考。春天清晨时段，柔和的光线、嫩绿的树木、刚刚发芽的小草、清新的空气等，这些都可以在动画场景中表现出来。

8.3.1　春景的特点分析

先找春景参考图，如图 8.11～图 8.13 所示。根据图片，找出春的特点。

图 8.7　春

图 8.8　夏

图 8.9　秋

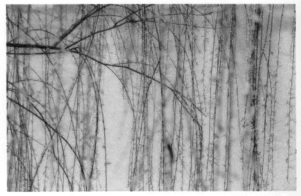

图 8.11　春 01

图 8.12　春 02

图 8.13 春 03

（1）整体色调为粉红色。

（2）植物叶子多数为浅绿色，有的树，枝叶还没长全。

（3）草地是浅绿色的。

（4）樱花、桃花等树木已开花。

8.3.2 春景的打光与色调的把握

这里用 VRaySun 制作春景的阳光。春天要求用清晨表现，所以阳光高度上不是很高，但是色调上又要区别于黄昏。清晨的色调是偏蓝色的干净的光，而黄昏是偏黄色的艳丽的光。这些细节，平时要多观察，有时间要多拍一些照片体验一下。

1. 创建灯光

（1）进入 Great（创建）面板，单击 Lights（灯光）按钮，在 VRay（VRay 光）下，单击 VRaySun（VRay阳光）按钮，在顶视图中创建 VRay 阳光，并且分别在顶视图调节灯光的方向、位置，在前视图调节灯光的高度，VRaySky 设置及春景顶视图、前视图，如图8.14~ 图8.16所示。

（2）在弹出的对话框中选择否（N）选项。即VRaySun 和 VRay Sky 分别具有单独的数值。

图 8.14　VRaySun

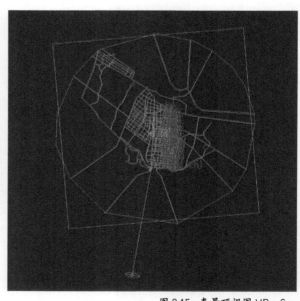

图 8.15　春景顶视图 VRaySun

图 8.16　春景前视图 VRaySun

2. 调整灯光参数

VRaySun 的具体参数在第3章有详细讲解，这里只根据本案例做重点参数讲解，可以对比理解，具体参数如图8.17所示。

（1）enabled，开启面光源。这里默认是勾选的。

（2）intensity multiplier，该参数比较重要，它控制着阳光的强度，数值越大阳光越强。

（3）shadow bias，阴影的偏差值，一般设置为0，减少阴影的偏差。

图 8.17　VRaySun 参数

3. 调整环境光

环境光用背景颜色控制，在 Environment（环境）面板中调节 Color（颜色），Color 越白，天空光越亮，Color 越暗，天空光越暗，如图 8.18 所示。

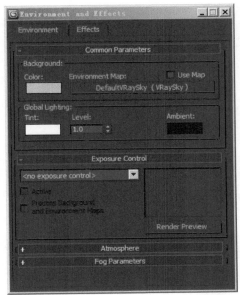

图 8.18 春景环境光

8.3.3 春景植物材质调节

春天是个万物复苏的季节，很多植物长出了新的枝叶，有的开了小花，粉粉嫩嫩的。但是春天的植物不会很茂盛，不像夏天的植物枝繁叶茂，春天的植物要做得精致。

1. 樱花、桃花等树木开花的材质的调节

由于树做代理时都塌陷成了一个物体，所以树的材质是 Multi/Sub-Object（多维子材质），开花树效果、开花树材质及开花树材质设置界面，如图 8.19~ 图 8.21 所示。

（1）单击主工具栏中 ██ Material Editor（材质编辑器）按钮，打开材质编辑器窗口，选择空白材质球。

（2）把空白材质球改为 Multi/Sub-Object（多维子材质），第一个材质是树干，第二个材质是树叶。

（3）在第一个材质树干上，选择 Blinn Basic Parameters（Blinn 基本参数）卷展栏，单击 Ambient（环境光）和 Diffuse（漫反射）之间的按钮 █ 将两者锁定，

在 Maps（贴图）卷展栏下为 Diffuse Color（漫反射颜色）通道指定树干的纹理贴图，并在 Bump（凹凸）里面增加树干的纹理贴图。

（4）在第二个材质树叶上，选择 Blinn Basic Parameters（Blinn 基本参数）卷展栏，单击 Ambient（环境光）和 Diffuse（漫反射）之间的按钮 █ 将两者锁定，在 Maps（贴图）卷展栏下为 Diffuse Color（漫反射颜色）通道指定开花的树叶纹理贴图。

图 8.19 开花树效果

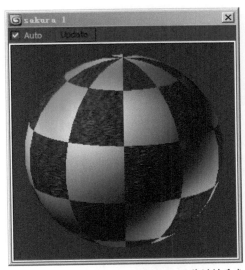

图 8.20 开花树材质球

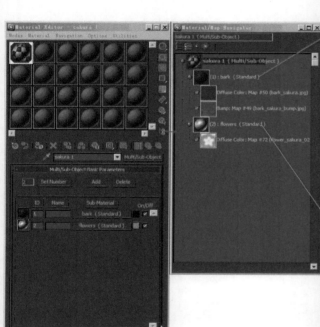

2. 浅绿色植物材质的调节

　　由于树做代理时都塌陷成了一个物体，所以树的材质是 Multi/Sub-Object（多维子材质），浅绿色树效果、浅绿色树材质球及浅绿色树材质设置界面，如图 8.22~图 8.24 所示。

　　（1）单击主工具栏中的 Material Editor（材质编辑器）按钮，打开材质编辑器窗口，选择空白材质球。

　　（2）把空白材质球改为 Multi/Sub-Object（多维子材质），第一个材质是树叶，第二个材质是树干。

　　（3）在第一个材质树叶上，选择 Blinn Basic Parameters（Blinn 基本参数）卷展栏，单击 Ambient（环境光）和 Diffuse（漫反射）之间的按钮 C 将两者锁定，在 Maps（贴图）卷展栏下为 Diffuse Color（漫反射颜色）

图 8.21　开花树材质设置

通道指定浅绿色树叶的纹理贴图。

（4）在第二个材质树干上，选择 Blinn Basic Parameters（Blinn 基本参数）卷展栏，单击 Ambient（环境光）和 Diffuse（漫反射）之间的按钮 **C** 将两者锁定，在 Maps（贴图）卷展栏下为 Diffuse Color（漫反射颜色）通道指定树干的纹理贴图。

图 8.22 浅绿色树效果

图 8.23 浅绿色树材质球

图 8.24 浅绿色树材质设置

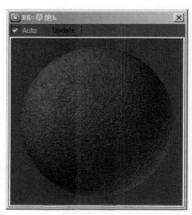

3. 草地材质的制作

春天的草地是嫩绿色的，在一些枯草中生长出新的嫩草。草地可以用不同的贴图来表现它的多样性。

（1）春天的草地为了增加其丰富性，使用 Mix（混合贴图），用一张绿草地贴图和一张黄草地贴图进行混合，草地材质及其设置界面如图 8.25 和图 8.26 所示。

（2）在 Mix（混合贴图）里将 Color#1 设置为黄草地。

（3）在 Mix（混合贴图）里将 Color#2 设置为绿草地。

（4）在 Mix（混合贴图）里将 Mix Amount（混合值）设置为黑白遮罩贴图。为了使过渡更加柔和，黑白遮罩贴图中间的过渡要有灰色衔接。

（5）调节好材质后，需要给草地物体分别调整合适的 UVW 贴图坐标。

图 8.25　草地材质

图 8.26　草地材质设置

8.4　夏景的制作

夏天经常让人联想到茂盛的大树、丰富的植物、美丽的沙滩；在中午有碧蓝的天空、强烈的阳光、短小的阴影、夏日中午明暗的强烈对比等，都可以用到动画镜头中。

8.4.1　夏景的特点分析

先找夏景参考图，如图 8.27～ 图 8.29 所示。根据图片，找出夏天的特点。

图 8.27 夏 01

图 8.28 夏 02

图 8.29 夏 03

（1）整体色调是蓝绿色的，有热带地区的感觉。

（2）植物的叶子多数为深绿色，植物枝叶茂盛。

（3）天空是干净的天蓝色。

（4）中午时阳光强烈，物体阴影短。

8.4.2 夏景的打光和色调的把握

阳光用 VRaySun 来制作阳光效果。夏天要求是白天效果，所以在高度上灯光很高，阴影短而干净。

1. 创建灯光

（1）进入 Creat（创建）面板，单击 Lights（灯光）按钮，在 VRay（VRay 光）下，单击 VRaySun（VRay 阳光）按钮，在顶视图中创建 VRay 阳光，并且分别在顶视图调节灯光的方向、位置，在前视图调节灯光的高度，如图 8.30~ 图 8.32 所示。

（2）在弹出的对话框中选择否（N）选项，即 VRaySun 和 VRay Sky 分别具有单独的数值。

图 8.30 创建 VRaySun

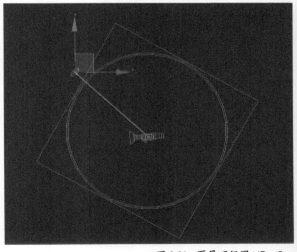

图 8.31 夏景顶视图 VRaySun

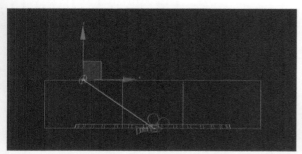

图 8.32　夏景前视图 VRaySun

2. 调整灯光参数

根据夏天光线的特点，调节 VRaySun 参数，如图 8.33 所示。

- enabled，开启面光源。这里默认是勾选的。

- intensity multiplier，阳光的强度，数值越大阳光越强。

- shadow bias，阴影的偏差值，一般设置为 0，减少阴影的偏差。

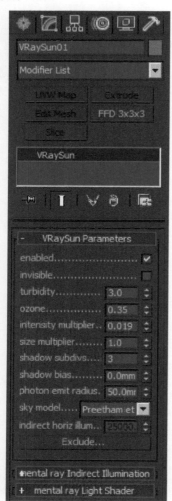

图 8.33　夏景 VRaySun 参数

3. 环境光的调整

环境光和春景一样，用背景颜色控制。在 Environment（环境）面板中调节 Color（颜色），Color 越白，天空光越亮，Color 越暗，天空光越暗，如图 8.34 所示。

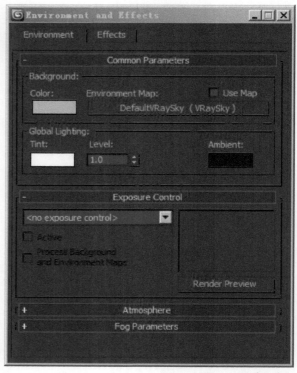

图 8.34　夏景环境光

8.4.3　夏景植物材质调节

夏天植物茂盛，叶子多数为深绿色，但是也可以增加不同色彩倾向的绿色，来丰富画面。添加一些松树和棕榈树，丰富植物的物种。

1. 松树材质

（1）单击主工具栏中的 Material Editor（材质编辑器）按钮，打开材质编辑器窗口，选择空白材质球。

（2）把空白材质球改为 Multi/Sub-Object（多维子材质），第一个材质是树叶，第二个材质是空材质，第三个材质是树干。

（3）在第一个材质树叶上，选择 Blinn Basic Parameters（Blinn 基本参数）卷展栏，单击 Ambient（环境光）和 Diffuse（漫反射）之间的按钮 将两者锁定，在 Maps（贴图）卷展栏下为 Diffuse Color（漫反射颜色）通道指定松树树叶的纹理贴图，由于松树是针叶植物，记得增加针叶透明贴图的黑白纹理。

（4）在第三个材质树干上，选择 Blinn Basic

Parameters（Blinn 基本参数）卷展栏，单击 Ambient（环境光）和 Diffuse（漫反射）之间的按钮 C 将两者锁定，在 Maps（贴图）卷展栏下为 Diffuse Color（漫反射颜色）通道指定树干的纹理贴图，在 Bump（凹凸）上增加树干的贴图，使树干质感更强，松树效果松树材质球及松树材质设置界面如图 8.35~ 图 8.37 所示。

图 8.35　松树效果

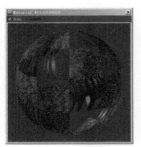

图 8.36　松树材质球

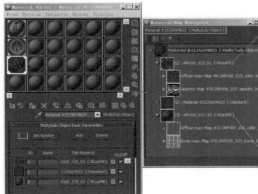

如果项目在南方，可以适当增加棕榈植物，以丰富场景。如果项目在热带地区或海岛等区域，还可以加些椰子树，突出地区特点。但是在北方，这些植物就不存在。所以做项目前先问清项目所在地，对植物选择范围做到心中有数，以防做无用功。

2. 棕榈植物材质

（1）单击主工具栏中的 Material Editor（材质编辑器）按钮，打开材质编辑器窗口，选择空白材质球。

（2）把空白材质球改为 Multi/Sub-Object（多维子材质）。

（3）分别为 Multi/Sub-Object（多维子材质）里的树干和树叶材质指定 Diffuse Color（漫反射颜色）的纹理贴图，棕榈效果、材质球及其设置界面如图 8.38 至图 8.46 所示。

图 8.37　松树材质设置

图 8.38　棕榈植物效果

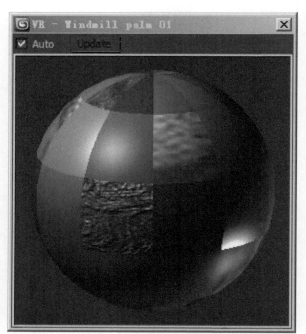

图 8.39　棕榈植物材质球

图 8.40　棕榈植物 01 设置

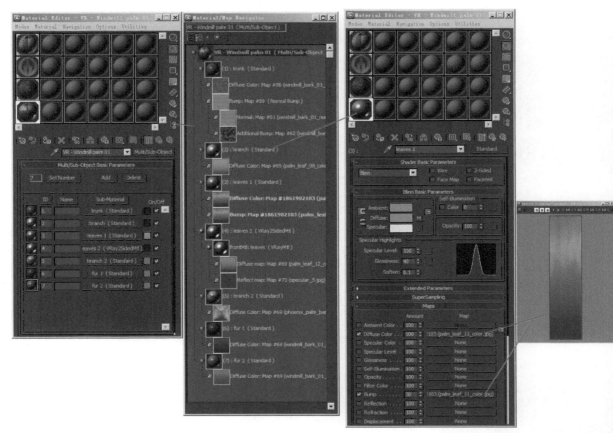

图 8.41　棕榈植物 02 设置

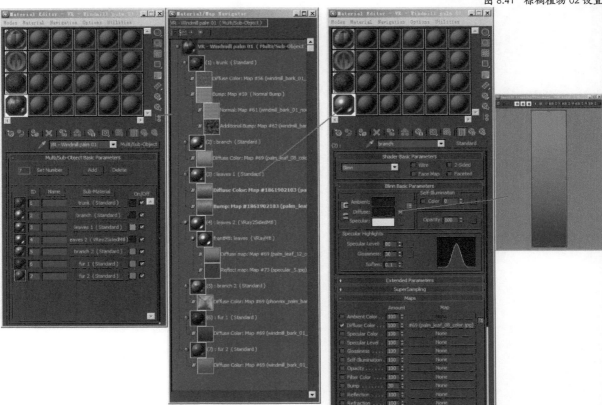

图 8.42　棕榈植物 03 设置

图 8.43　棕榈植物 04 设置

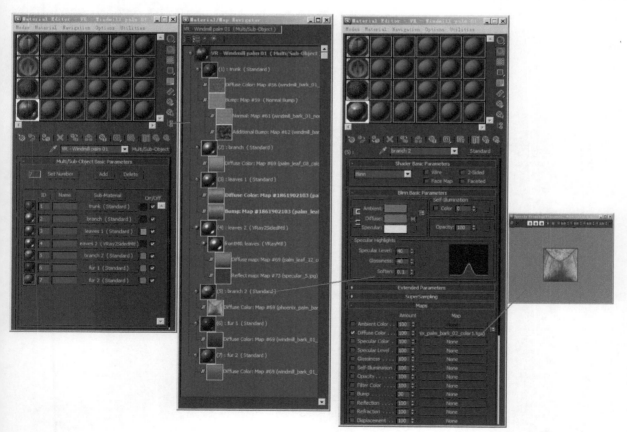

图 8.44　棕榈植物 05 设置

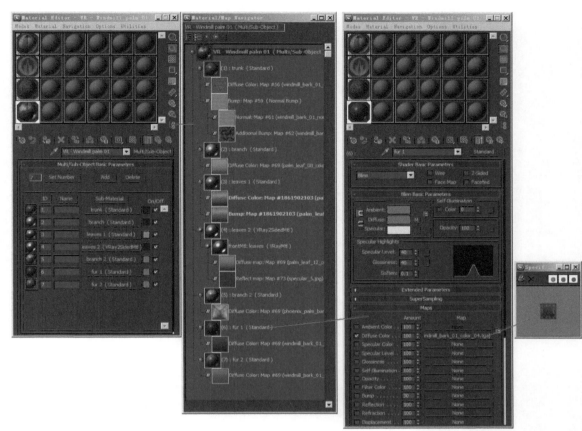

图 8.45 棕榈植物 06 设置

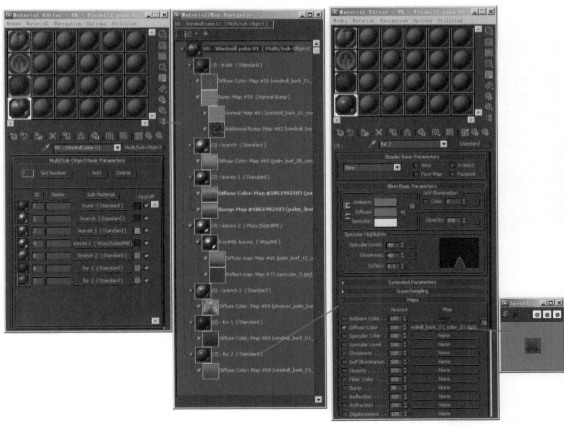

图 8.46 棕榈植物 07 设置

8.5 秋景的制作

秋天是一个秋高气爽的季节，树木的色彩是最丰富的，各种颜色的树叶，有的树还挂着果实，在枯黄的草地上还有一些落叶。黄昏是色彩最美的时间段，美丽的夕阳、色彩丰富的云彩、柔和的光线、长长的投影等，摄影师喜欢在黄昏的时候追着太阳跑，来留下美丽的风景。黄昏也是动画师喜欢表现并且容易出彩的时间段。

8.5.1 秋景的特点分析

先找秋景参考图，如图8.47~图8.49所示。根据图片，找出秋景的特点。

图 8.47 秋 01

图 8.48 秋 02

图 8.49 秋 03

（1）秋天的整体色调偏黄色。

（2）植物的叶子多数为红黄色，绿色的为深绿色。

（3）草地有的部分为偏黄色的枯草。

（4）地上有落叶。

8.5.2 秋景的打光和色调的把握

用 VRaySun 制作秋天的阳光。根据相机转动，阳光方向要做适当变化，并且因为秋天要求是黄昏时段，所以高度上是不高的，毕竟太阳要下山了。色调上，黄昏是偏黄色的、艳丽的，色彩也很丰富。这些都是动画师在制作动画时需要注意的。

1. 创建灯光

（1）进入 Creat（创建）面板，单击 Lights（灯光）按钮，在 VRay（VRay 光）下，单击 VRaySun（VRay 阳光）按钮，在顶视图中创建 VRay 阳光，并且分别在顶视图调节灯光的方向、位置，在前视图调节灯光的高度，如图 8.50~图 8.52 所示。

（2）在弹出的对话框中选择否（N）选项，即 VRaySun 和 VRay Sky 分别具有单独的数值。

图 8.50 创建 VRay 阳光

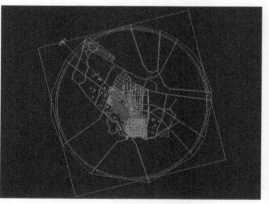

图 8.51 秋景顶视图 VRaySun

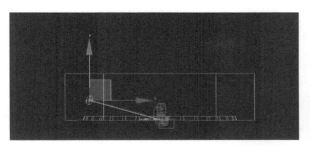

图 8.52 秋景前视图 VRaySun

2. 调整灯光参数

根据秋天光线的特点，调节 VRaySun，参数如图 8.53 所示。

（1）enabled，开启面光源。这里默认是勾选的。

（2）intensity multiplier，阳光的强度，数值越大阳光越强。

（3）shadow bias，阴影的偏差值，一般设置为0，减少阴影的偏差。

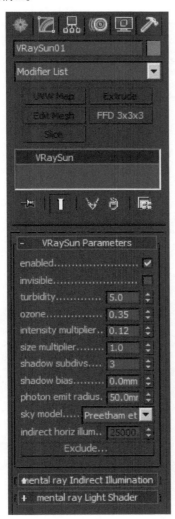

图 8.53 秋景 VRaySun 参数

3. 调整秋天的天空

秋天的天空因为采用了黄昏时段，可以用火烧云的贴图来表现丰富的天空，并且有河水反射火烧云从而形成黄昏时段的画面亮点，如图 8.54 和图 8.55 所示。

图 8.54 秋天天空 01

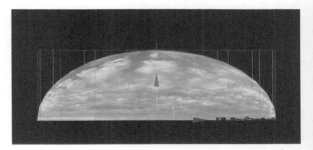

图 8.55 秋天天空 02

4. 黄昏时段天空材质的调节

（1）单击主工具栏中的 Material Editor（材质编辑器）按钮，打开材质编辑器窗口。单击 Get Material（获取材质）按钮，在弹出的 Material/Map Browser（材质/贴图浏览器）窗口左栏中选择 Selected（选定对象）选项，在右栏显示所选模型使用的材质"球天"，双击材质名称，将其调入材质编辑器窗口，秋天天空材质设置界面及贴图，如图 8.56~ 图 8.58 所示。

（2）将 Diffuse Color（漫反射颜色）设置为秋天的贴图。

（3）将 Color（自发光颜色）设置为 100，模拟天空。

图 8.56 秋天天空材质设置 01

图 8.57 秋天天空材质设置 02

图 8.58 秋天天空贴图

注意：

这里选用一张黄昏时段的照片，用照片中的天空部分作为"球天"的贴图，所以平时要多拍照，多收集照片资料，对项目的制作很有帮助。

8.5.3 秋景植物材质

秋天的植物颜色是最丰富的，很多叶子变成黄色，有些绿叶变成深绿色，枫叶红了，有的植物结了果实，还有很多叶子飘落下来，这些都可以作为动画表现的方法，并且运用到项目中。

叶子为红色、黄色的植物材质调节。选择一些植物，把树的叶子变成红色或黄色的贴图。注意树叶颜色要有变化，不能雷同，有的偏黄绿色、有的偏红色等。

（1）单击主工具栏中的 Material Editor（材质编辑器）按钮，打开材质编辑器窗口，选择空白材质球。

（2）把空白材质球改为 Multi/Sub-Object（多维子材质），第一个材质是树干，第二个材质是树叶。

（3）在第一个材质树干上，选择 Blinn Basic Parameters（Blinn 基本参数）卷展栏，单击 Ambient（环境光）和 Diffuse（漫反射）之间的按钮 C 将两者锁定，在 Maps（贴图）卷展栏下为 Diffuse Color（漫反射）通道指定树干的纹理贴图。

（4）在第二个材质树叶上，选择 Blinn Basic Parameters（Blinn 基本参数）卷展栏，单击 Ambient（环境光）和 Diffuse（漫反射颜色）之间的按钮 C 将两者锁定，在 Maps（贴图）卷展栏下为 Diffuse Color（漫反射颜色）通道指定发黄树叶的纹理贴图。红叶的植物效果、材质设置界面，如图 8.59~ 图 8.64 所示。

图 8.59 红叶的植物 01 效果

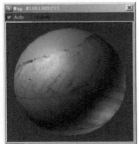

图 8.60 红叶的植物 01 材质球

图 8.61 秋景红叶树植物 01 材质设置

图 8.62 红叶的植物 02 效果 　　图 8.63 红叶的植物 02 材质球

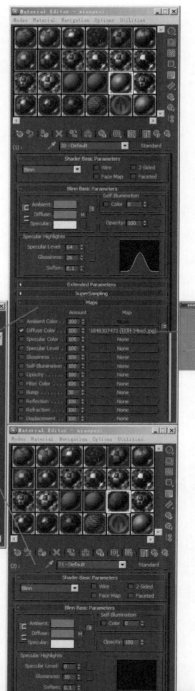

图 8.64 秋景红叶树植物 02 材质设置

注意：

秋天的草地有部分偏黄的枯草，还有飘落下来的落叶。

8.6 雪景的制作

冬天首先让人想到的就是雪花、雪人、美丽的圣诞树等。冬天的色调偏冷，树上的叶子都没了，厚厚的积雪覆盖着大地，水凝结成了冰块。冬天的傍晚，在阳光渐渐落下时，室内有了温暖的光线，这样冰冷的室外和温暖的室内就有了色调上的对比。

8.6.1 雪景的特点分析

冬天的雪景，如图 8.65~ 图 8.67 所示。根据图片找出雪景的特点。

图 8.65 冬雪 01

图 8.66 冬雪 02

图 8.67 冬雪 03

（1）整体色调偏冷，蓝色或蓝紫色。

（2）物体暗面受雪的反射强烈。

（3）植物上有积雪。

（4）部分树是光树枝。

（5）水面凝结成冰。

（6）有雪花飘落，有雪人、圣诞树等。

8.6.2 雪景的打光和色调的把握

这里用平行光 Direct 制作冬天的阳光。因为冬天以冷色调的光线为主，Direct 平行光的颜色更好控制。

1. 创建灯光

进入 Creat（创建）面板，单击 Lights（灯光）按钮，在 Standard（标准）下，单击 Target Direct（目标平行光）按钮，在顶视图中创建一盏平行光，并调整灯光的方向和高度，经过不断测试，最后确定灯光，如图8.68~ 图 8.70 所示。

图 8.68 创建目标平行光

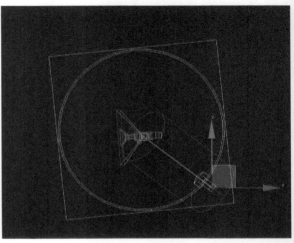

图 8.69 冬景顶视图 Direct

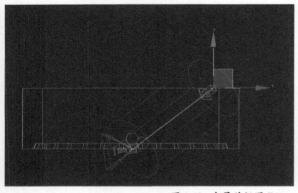

图 8.70 冬景前视图 Direct

2. 调整灯光参数

（1）在 Shedowa（阴影）组中勾选 on 复选框，在下拉列表中选择 VRayShadows（VRay 阴影）选项。VRay 阴影可以使渲染速度更快，如图 8.71 所示。

（2）Multiplier（倍增器）控制灯光强度，设置为 0.7，根据场景大小不同有所变化，场景单位的不同也是数值不同的关键因素，这个数字不能死记硬背。颜色为灯光的颜色，冬天这里是蓝紫色的。

图 8.71　冬景 Direct 参数

3. 环境光的调整

环境光用背景颜色控制。在 Environment（环境）面板中调节 Color（颜色），由于冬天色调偏冷，所以环境光用蓝色或蓝紫色，如图 8.72 所示。

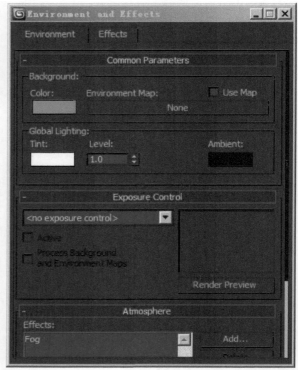

图 8.72　冬景环境光

8.6.3　制作积雪模型

这里介绍一个制作积雪模型的插件，由于软件是中文版的，动画师有时间可以试试效果，不做详细讲解，如图 8.73 所示。

图 8.73　雪生成器

8.6.4　设定雪材质

制作冬天的场景时经常会出现雪人、雪花等元素，

积雪的模型制作好后,还需要调节积雪的材质。这里讲解雪花材质的制作方法,雪材质及其设置界面,如图 8.74 和图 8.75 所示。

（1）调整积雪材质。为了表现积雪表面的细小颗粒感,在 Diffuse（固有色）里贴上带有雪花颗粒感的贴图。

（2）雪的表面是有凹凸起伏的,在 Bump（凹凸）里贴上雪花的贴图。来模拟雪花表面的凹凸变化。

图 8.74 雪材质

8.6.5 积雪植物及材质

积雪植物可以在植物上增加积雪模型,使其模型的细节更加丰富,但是渲染很慢。有些动画的大场景渲染时间有限,所以可以采用另一种顶/底材质的调节方法,在植物原有的材质上增加积雪,提高动画的制作效率。

积雪植物如图 8.76 和图 8.77 所示。

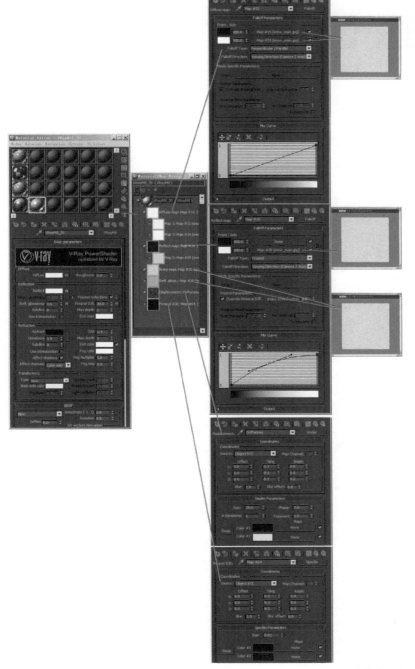

图 8.75 雪材质设置

图 8.76 有雪模型的植物

图 8.77 直接调节顶底材质雪景的植物

262

积雪植物的材质，用顶／底材质调节，积雪植物材质及其设置界面，如图 8.78 和图 8.79 所示。

（1）在材质编辑器里将树叶的材质吸取出来，将其改为 Top/Button（顶／底）材质。

（2）单击 Swap（交换）选项，将原来的树叶材质层级放到下面，上面的 Top Material 材质层级用来做积雪材质。

（3）将之前做好的积雪材质关联复制到 Top/Button（顶／底）材质的 Top Material 材质层级上，再调节 Blend（混合）值，使雪和树叶之间的过渡变得柔和，调节 Position（位置），将积雪的位置调高些。

（4）这种制作顶／底材质的方法，还可以用来制作草地、石头上的积雪等，动画师要学会举一反三。

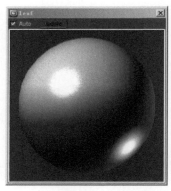

图 8.78　积雪植物材质

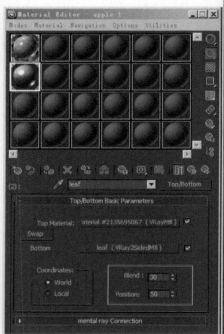

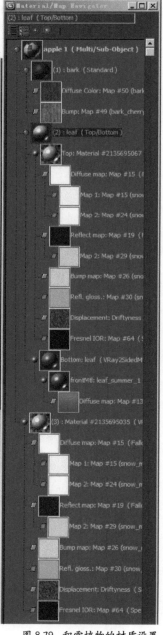

图 8.79　积雪植物的材质设置

8.6.6　冰的材质

冬天的水面是会结冰的，冰的材质不同于水，比水更硬，又不同于雪，比雪反射更强，冰面材质的特征就是表面反射不规则，冰材质及其设置界面，如图 8.80 和图 8.81 所示。

（1）把冰和岸沿积雪相交处做一个过渡，否则会显得太生硬，这里用 Blend（混合材质）将冰的材质和岸沿积雪材质进行混合，画一张和岸沿形状差不多的黑白遮罩贴图。

（2）将黑白遮罩贴图在视图中显示，然后为“水”物体添加 UVW 贴图，在视图中调整 UVW 的位置。使黑白遮罩贴图对准岸沿。

（3）用 Blend（混合材质）将冰的材质和岸沿雪的材质分开，这样就能使沿岸积雪和冰面之间有个柔和的过渡。

图 8.80　冰材质

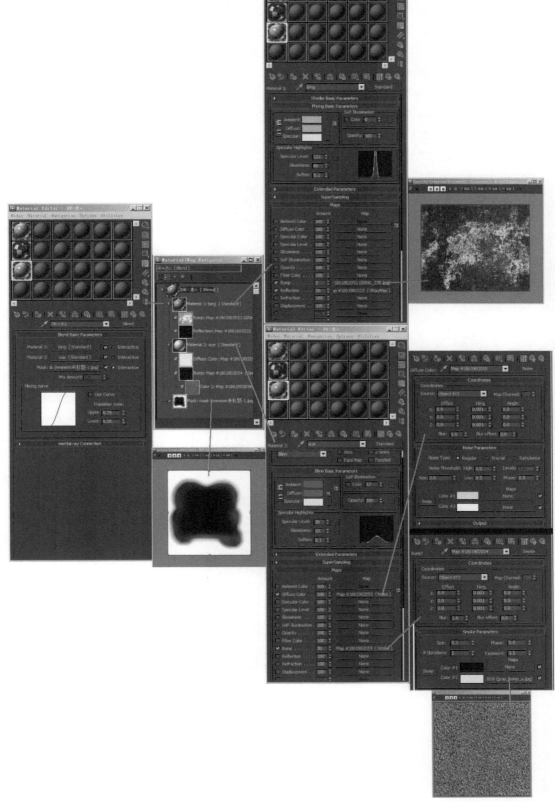

图 8.81　冰的材质设置

8.6.7 用粒子制作飘雪动画

为了烘托雪景的气氛，使用粒子系统在场景中制作飘落的雪花。

（1）创建面板，使用 Snow 粒子制作飘落的雪花，在顶视图和前视图分别调节雪花的位置，飘雪设置界面及飘雪粒子，如图 8.82~ 图 8.84 所示。

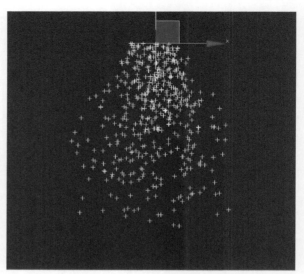

图 8.83 飘雪粒子 01

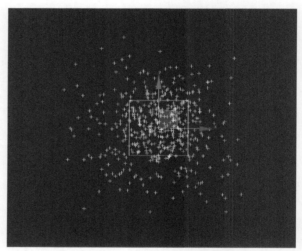

图 8.84 飘雪粒子 02

（2）Snow 粒子的参数，将 Render Count（渲染数量）调大，来增加最终的粒子数量，使雪花变多。Flake Size（粒子大小）决定雪花大小，调节 Speed（速度）控制雪花飘落的速度，调节 Variation（紊乱值）让雪花速度有变化，飘雪参数如图 8.85 所示。

（3）为了让场景中一开始就有很多飘落的雪花，将 Start（发起发射）设置为 -200 帧，再调高 Life（生命值）。

图 8.82 飘雪设置

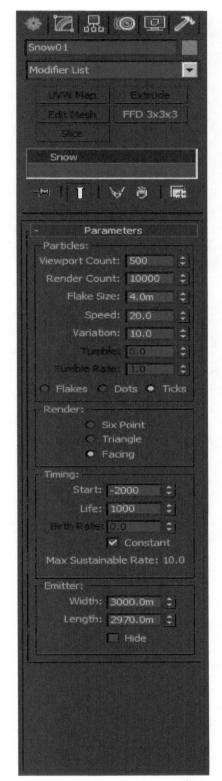

图 8.85 飘雪参数

图 8.86 飘雪材质的设置 01

图 8.87 飘雪材质的设置 02

（4）在 Render（渲染）面板中选择 Facing（面）使雪花渲染出来的形状为片状，之后再贴上雪花的贴图，飘雪材质设置如图 8.86~ 图 8.88 所示。

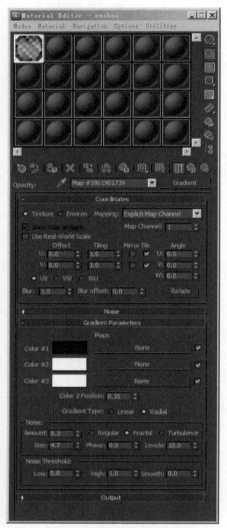

图 8.88　飘雪材质的设置 03

8.7　本章总结

要制作好的四季效果，不能只靠材质和灯光，一些模型细化，以及粒子动画效果的添加，更能起到事半功倍的效果。要抓住 4 个季节的特点，如春天的嫩芽、夏天的茂盛、秋天的落叶、冬天的雪花等。即使是相同的东西在四季中也是有变化的，比如天空、树木、草地等。要烘托出四季的气氛，色调的把握更是作品成败的关键。

平时多收集照片，多观察生活中的细节，学习色彩搭配等美术知识，是动画师学习成长的必经之路。

第9章
合成
——夜景

从操作与结果来说，现实世界与虚拟世界中的差异，是可以用模型在软件中重建出来的，这些虚拟的相机可以微调快门、范围、曝光度与其他一些在真实相机中可以调整的参数。

9.1.1 虚拟相机与真实相机

物理相机（例如 VRay 物理相机）相对于虚拟图像来说有个巨大的优势：即时性。

使用相机捕捉场景，它就在你面前，也可以在后期处理这个结果。如果不处理，就已经获取了真实生活的一个瞬间。

（1）虚拟相机相对真实相机有明显的几个优势：

（2）在镜头选择上有绝对的自由，不需要考虑要买什么焦段的镜头。

对相机的运动与相机在空间位置的控制有绝对的自由，不受高度的影响，可以随时设定鸟瞰镜头或让相机在海里潜水。

（3）无限的动态范围。

真实相机并不是针对特定相机，而是针对相机中的色彩输出。

镜头是物理相机特有的东西，能够影响到一幅真实的图像，并且这是不能通过标准的渲染器来实现的。

有些效果是使用真实相机所不可避免的，因此，在实现极其真实的效果时是必须使用的。

1. 景深 Depth Of Field

景深是指被镜头所捕捉的图像显示出可接受的锐利度的范围，也就是聚焦，如图 9.1 所示。景深受以下 3 个主要因素影响：

（1）镜头光圈：光圈值越低，景深越小。

（2）镜头尺寸：越广角，景深越大。

（3）焦距。

图 9.1

2. 运动模糊

运动模糊是指在快速运动的对象上出现的特效，物体模糊的程度根据快门速度和曝光度的变化而变化。快门速度越高，图像越清晰，反之图像越模糊，我们做的车流线就是用了运动模糊的原理，如图 9.2 和图 9.3 所示。

图 9.2　运动模糊 01

图 9.3　运动模糊 02

这种特效用于表现时间流逝的感觉，摄影师使用较长的曝光时间、非常低的快门速度来表现人物完全或部分模糊的现象。

在电影中，胶卷通常是 1/48s 曝光一次，这个快门规则是为老式胶卷相机设置的。我们按照 24 帧 /s 的速度来拍摄的时候，快门角度总是 180°。

3. 眩光、光晕、闪光

眩光、光晕、闪光等都是由极强的光源所引起的镜头失常。这些失常通常是由太阳光线造成的，这让图像有些不平衡，摄影师和电影制作人都尽量避免它，认为它是廉价或质量较差的镜头产生的问题。尽管我们需要注意这种特效对图像质量的影响，但是这种特效很多时候能为我们渲染的图像增加真实感，如图 9.4 和图 9.5 所示。

最终效果是由以下几个方面决定的：

（1）镜头质量与规格。

（2）快门（快门的片数将决定这个效果中的光线）。

（3）图像特定区域的入光量。

尽管所有的特性与特效都可以通过渲染器呈现出来，它们大多数时候是在渲染时使用光线跟踪技术计算出来的。但是它明显会让最终的渲染速度慢下来，光线跟踪的特点会生成噪点，它实际上是不太可能通过合理的渲染时间来去除的。

可以在合成软件或特效软件中使用这些特效，主要有两个原因：第一，在渲染时处理他们成本太高，后期处理能明显加快速度；第二，在已经渲染好的图像上应用它们能得到更大的灵活性与更强的控制能力。

图 9.4　光晕

图 9.5　大气效果

9.1.2 摄影

建筑可视化包括了按建筑实际情况或它在真实生活中的情况来渲染，受插画的影响，它合成的结果都是简单直接的，需要简单描述整个结构。如果第一个合成并不能呈现出整个建筑作品，那这个项目就需要通过另外一个透视角度来显示前一个视角无法呈现的部分。

建筑空间是通过一系列照片描述出来的，建筑被给予了与环境、材质、建筑细节、光源还有一系列其他元素同等的重要性，这些元素不仅对合成有帮助，如果将建筑作为一个整体渲染出来的话，那它也是必不可少的。

用照片建模或照片合成的方式来呈现建筑，是通过电影摄像技术与摄影技术表现建筑的，如图 9.6 所示。

图 9.6　照片合成

1. 使用几何元素来构造

基本的几何体造型是设计的关键。几何体的合成设计原理是绘画与设计的支柱，因此适用于实拍合成。有些观点认为存在无数种复杂的几何体造型，但这种观点并不客观。实际上除点、线外只有 3 个基本的造型：三角形、矩形与圆形，其他造型都是这 3 种基本造型的变形。

建筑设计的原理是由几何体决定的，将合成设计基于几何体之上就能相对简单地拍摄建筑了。

几何体通常呈现在建筑结构中，而且还指场景本身中显示或暗示的近似物。一个基于一个点或多个点的合成设计或许涉及在同类背景中部分或完全凸显框架中的一个主要元素。类似的，当我们使用一个基于线条的设计的时候，或许会发现线条并不总是能组成一个特定的结构，或许与透视中变成对角线的一系列柱子能够得到一个完美的合成结果。

注意:

自然元素对于构造与框架来说都是很好的参考资源，自然元素通常被放在前景作为特定结构的理想框架，例如前景树框住建筑，形成镜框效果。这些元素通常都是令人耳目一新的有机造型，它既能体现出与传统建筑平衡结构的强烈对比，又能添加结构上的动势，如图 9.7 所示。

图 9.7

2. 使用对比性的元素进行合成

一幅图像可以在两个或更多的对比性元素还有其他东西之间找到和谐。元素之间的对比包括：

（1）小与大、亮与暗、厚与薄、直与弯。

（2）软与硬、不透明与透明、对角线与圆形。

（3）液体与固体、有机的与合成的。

如果一条线并不能从我们大脑所诠释的其他构造中凸显出来，那它是不会显示为对角的。协调，特别是平衡，是基于对比元素之间的张力以这些元素在构造中的维度，如图 9.8 所示。

图 9.8 现代建筑和古代建筑的对比

3. 使用光线与色彩来构造

一幅图像如绘画、照片、插画等，所包含的所有元素都体现了光线与色彩。色彩学上有光源色、环境色、固有色。

固有色：指受光物体本身的表面颜色，它的颜色决定了物体对光的吸收和反射能力。

光源色：指光源照射到白色光滑不透明物体上所呈现出的颜色。除日光的光谱是连续不间断（平衡）的外，日常生活中的光，很难有完整的光谱色出现，这些光源色反映的是光谱色中所缺少颜色的补色。检测光源色的条件：要求被照物体是白色的、不透明的、表面光滑的。

环境色：指受光物体周围环境的颜色，是反射光的颜色，这里指的环境物体都是自身不反光，靠反射光源光

来影响物体的。正常情况下，环境色是最复杂的，和环境中各种物体的位置、固有色、反光能力都有关，是环境物体吸收了光源光中与自己不符的波长的光之后反射相对单一的光色。不同光线的最终效果在不同时间段是不一样的，而实验不同时间段的光线效果是动画师经验的重要组成部分。

在创作一个建筑项目的时候，光线提供了比色彩更多的可能性。光线在建筑中扮演重要的角色，并且给了我们很多的选择：从鲜明的明暗对比（明暗绘图法绘制的图形）到光线的柔和，给我们提供了非常多的选择，如图 9.9 所示。

图 9.9 光线构图

灯光与色彩都是受相同原理影响的，就像在光线上发生的变化一样，色彩专注于对比，同维度在处理对比的时候也发挥了作用，补色的构造不仅与和谐、平衡有关，色彩实际上在最终构造结果中有很特别的维度与呈现。色彩的比率实际上是由每种颜色的亮度的相反值所决定的。因此，存在黄色与紫色按 1:3 的比率协调合并等情况。现有的规则在某种情境下会被打破，而实验不同的比率与合成效果是动画师经验的重要组成部分，如图 9.10 所示。

图 9.10 色彩构图

在现实生活中，色彩并没有像大部分渲染图片中的情况一样饱和或明亮，实际上是相反的。因为大多数材质都绘制了亮度与色彩数量。因此，大部分渲染都基于一种或两种色调范围。色彩与光线的平滑融合是一种既保持两

者均匀，又通过创建令人舒适的深度感来保持色彩范围最大的方法。平衡这种类型合成效果的最好方法就是使用一个饱和的元素（通常是人造的）作为对比元素，如图9.11所示。

图 9.11　日景

4. 总结

（1）透视

透视的概念与感觉在定义空间取景方面有重要的作用，近实远虚，近大远小。开放的透视与雾效创建了景深的感觉。这在第3章已经重点讲过了，如图9.12所示。

图 9.12　室内透视

（2）水平校正

在胶卷时代，建筑摄影师经常使用水平校正的方法，以校正在结构的顶部向消失点绘制时出现的对角线，从而确保平行线的垂直性。几乎所有的虚拟相机都能生成垂直的平行线，虚拟图像相对容易。一方面，对透视效果校正过度会在照片的顶部形成虚光的情况，另一方面，校正垂直线并不总是一个很好的方法，很多时候，校正也让结构失去了戏剧性，天花板或屋顶等全部或部分在较低角度拍摄的东西都能证明这一点，如图9.13所示。

图 9.13　低角度拍摄

（3）随机镜头

虚拟环境相对于真实生活来说主要优势就是运动与空间位置的绝对自由，因此，在时间线的每一帧的不同位置都放置虚拟相机会产生一系列的随机镜头，它们会让空间取景变得更加容易，并且更有创意。我们一般使用广角镜头来得到更加合适的效果，如图9.14所示。

图 9.14　广角鸟瞰

9.2　案例背景分析

夜景主要表现建筑的灯光设计，体现建筑的气氛。夜景一般在建筑动画中是收尾的部分，更能使整个建筑

动画出彩和起到画龙点睛的作用。在灯光上，夜景主要是制作冷、暖或明、暗的对比。在场景中，夜景起到丰富细节的作用。在材质上，夜景主要把握质感和纹理，最终渲染文件如图 9.15~ 图 9.18 所示。

图 9.15　夜景 01

图 9.16　夜景 02

图 9.17　夜景 03

图 9.18　夜景 04

9.3　整理场景

　　在夜景中整理场景时要根据相机角度进行整理，当相机在人视角度时材质要重点整理，要能看清建筑材料的质感和纹理，增强画面的真实度。如果是鸟瞰的话就不必调得太细，因为夜景中材质调得再细也看不太清楚，还会影响渲染时间，当然也不能不调。整理场景的另一个好处就是能更好地管理场景和了解场景的功能和分区，这样，制作时会更得心应手。

9.3.1 模型整理

整理场景面数和物体数，如图 9.19 所示。

可以根据鸟瞰场景的文件有重点地调整场景，主要的模型要保留。地面根据镜头需要精简处理。看不到的模型可以删除。

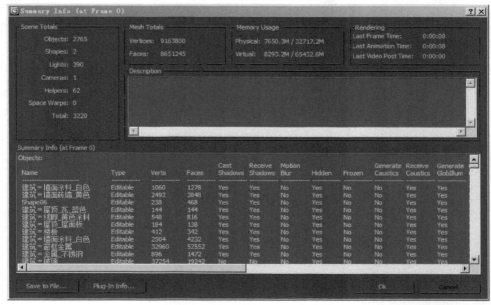

图 9.19 模型整理

9.3.2 材质贴图的整理

场景模型初始状态通常带有大量材质，包括同名材质和相似材质，这会使渲染调节变得难于控制，同时也会产生很大的文件量，影响操作速度，应该整理精简，如图 9.20 所示。

查看材质信息，单击主工具栏中的 Material Editor（材质编辑器）按钮，在弹出的材质编辑器窗口中单击 Get Material（获取材质）按钮，然后在弹出的 Material/Map Browser（材质/贴图浏览器）窗口中选择 Scene（场景）选项，便可以在右边空白处显示所有场景中使用的材质。

对场景进行同类和同名材质的合并整理后，材质球数量减少，种类更加清晰明了。

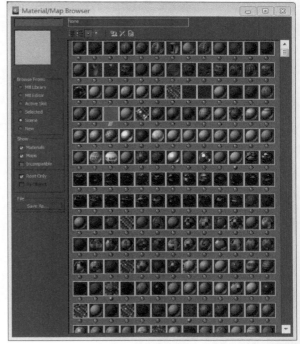

图 9.20 材质整理

9.4 夜景灯光制作

夜景一般用环境光和大量室内光或室内贴图来表现真实的夜景光影效果。灯光数量较多,这会成为影响动画渲染速度的重要因素,如图 9.21 和图 9.22 所示。

夜景灯光的主要制作思路包括:

(1)主光

主光主要模拟月亮光,分出大的明暗关系,这同白天的太阳光原理相似,只是不能太亮。

(2)天光

天光也就是环境光,主要模拟天空对于场景的影响。天光的颜色很重要,它决定了夜景的主要色调。

(3)室内光

室内光主要模拟室内的人工照明,本案例表现的是在商业街内繁荣的商业活动。

(4)马路光

马路光主要模拟汽车行驶在马路上的光,也就是行驶的汽车车灯留下的光。体现建筑周边交通状况。

(5)水面光

水面光主要用于勾勒水面的轮廓,一般用冷色调的光与建筑形成冷暖对比。

(6)路灯光

路灯光是马路路灯照射的灯光和商业街上商业灯的光。

(7)细节光

细节光主要是一些小品、伞座等细节光,以烘托气氛,丰富场景。

(8)万家灯火

万家灯火主要是配楼及周边的灯光。

图 9.21 灯光 01

图 9.22 灯光 02

9.4.1 主光

主光使用平行光 Direct，光源很弱，目的是为了区分建筑物面与面的明暗关系，如图 9.23 和图 9.24 所示。主光不能太强了，要为后面打人工光留下空间。

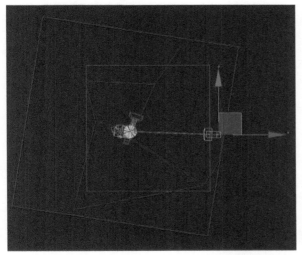

图 9.23　顶视图 Direct

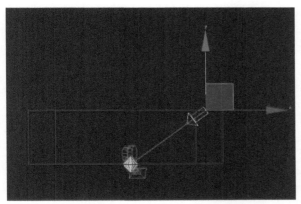

图 9.24　前视图 Direct

1. 创建灯光

进入 Creat（创建）面板，单击 Lights（灯光）按钮，在 Standard（标准）下，单击 Target Direct（目标平行光）按钮，在顶视图中创建一盏平行光，并调整灯光的方向和高度，经过不断测试最后确定灯光。

2. 调整灯光参数

（1）勾选 Shadows（阴影）组下 on 复选框，在下拉菜单中，选择 VRayShadows（VRay 阴影）选项，VRay 阴影可以使渲染速度更快，如图 9.25 所示。

（2）Multiplier（倍增器）用于控制灯光强度，这里设置为 0.5，夜景的光线不会很强烈，但是要根据场景大小不同有所变化，场景单位的不同也是数值不同的关键，颜色为蓝色，如图 9.28 所示。

图 9.25　Direct01 参数

9.4.2 环境光

因为是晚上，所以需要深蓝色的环境光，主要把场景的夜景环境营造出来。

制作环境光的方法，一种是使用 VRayLight，优点是它的阴影细节很足，缺点是它会受到雾效的影响，所以使用时要开着雾效一起调整，它们是相互影响的，使用

它渲染速度会变慢。

另一种是使用天光制作。这种制作方法简单，不会受到雾效的影响，缺点是阴影细节不足。

本项目是鸟瞰场景，为了加快渲染速度，我们使用第二种方法进行天光的制作，如图 9.26 所示。

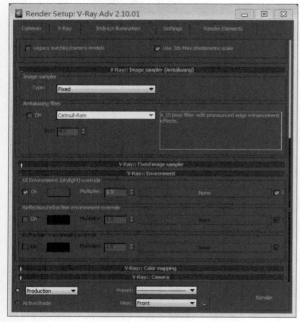

图 9.26 天空光

9.4.3 室内光（人工光）

（1）室内光用来模拟真实的商业街晚上的商业活动。商业活动一般最活跃和人口最多的地方集中在一楼，所以一楼也是灯光分布最密集的地方，只要把该区域做得精致，夜景基本就完成了。

（2）一楼的上层室内光很暗，但是，一般都有很多发光的广告牌可以衬托它的暗部。所以不必过亮，否则画面很难压下去。

（3）为了更加突出建筑的特性，可适当加一些外立面的灯和建筑顶部的灯，来勾画它的轮廓。

（4）加入广告牌等的细节，体现商业气氛。广告可以使用自发光，提高渲染速度。

9.4.4 马路光

晚上，在快降落的飞机上向下看时，几乎只能看到马路的轮廓。晚上拍摄延时摄影也能看到明亮的马路光，所以，马路除了打光照亮，还要用动态贴图体现汽车车灯留下的痕迹。动态贴图是沿着马路摆放的，高度为汽车车灯的高度。注意，黄灯代表汽车前灯，红灯代表汽车尾灯。

9.4.5 水面光

在水面与陆地交接处，用灯光把轮廓勾勒出来，注意，可以在船停泊的地方用暖色灯打亮，来增加细节。

9.4.6 路灯光

马路灯发光有一个范围，用光打亮来模拟真实场景的马路灯。

9.4.7 细节光

一些小品、广告牌、伞座都有光发射出来，可以增加场景细节。但是它们都很微弱，不能抢了主建筑的光。

注意：

广告牌位置摆放要酝酿很长时间，很考验人的耐心。广告牌摆放不能乱，摆的时候要心中有数，否则很难摆出商业的感觉来，摆得不好就是菜市场，可以多找一些参考图片进行观察。

9.4.8 万家灯火

在场景中不可能只是主建筑亮，其余就一片漆黑。为了体现万家灯火的热闹，周边配楼也要用一些灯点缀，但是亮度上不能太强。具体光的参数，如图 9.27 和 9.28 所示。

（1）选择 Tools-Light Lister（工具 - 灯光列表）命令。

（2）在弹出的 Light Lister（灯光列表）对话框中调整灯光的倍增值、颜色及灯光阴影等参数。

图 9.27 灯光列表

279

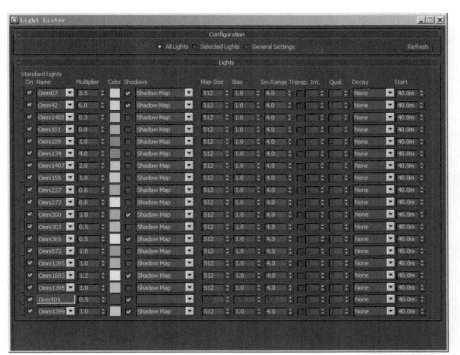

图 9.28　光

9.5　夜景材质

这是一个夜景鸟瞰场景，在夜景中，很多材质是为了增加光影效果专门制作的，有的材质却为了节约系统资源而简约处理，这里主要讲解夜景鸟瞰中的水材质、室内在夜景鸟瞰中的表现和夜景路灯的表现，如图 9.29 所示。

图 9.29　夜景材质

9.5.1　水

本案例中水做两个物体来表现，即水面和水底。把水物体复制一层，上面做水的材质，下面做水底的材质。这样水能够反射出场景，也能折射出水底，加上水波纹的流动，为水面增加了细节和灵性。夜景中的水材质受灯光影响比较大。

（1）单击主工具栏中的 Material Editor（材质编辑器）按钮，打开材质编辑器窗口。单击 Get Material（获取材质）按钮，在弹出的 Material/Map Browser（材质/贴图浏览器）窗口左栏中选择 Selected（选定对象）选项，在右栏显示所选模型使用的材质"水"，双击材质名称，将其调入材质编辑器窗口，水材质效果及其设置界面如图 9.30 和图 9.31 所示。

（2）选择 Blinn Basic Parameters（Blinn 基本参数）卷展栏，单击 Ambient（环境光）和 Diffuse（漫反射）之间的按钮 将两者锁定，在 Diffuse（漫反射）上增加 Falloff（衰减），调节衰减的曲线，使过渡更加柔和。修改

Specular Level（高光级别）和Glossiness（光泽度）分别为115和59。

　　（3）在Bump（凹凸贴图）卷展栏的凹凸通道上指定Noise（噪波贴图），在Noise（噪波贴图）里调节动态水的数值变化，凹凸数量为15左右。也可以在Noise（噪波贴图）里面再加一层Noise（噪波贴图），以增加细节。

　　（4）在Reflection（反射）通道上指定VRayMap（VRay反射贴图），数量为50，在VRayMap（VRay反射贴图）里增加Falloff（衰减）。

图9.30　水材质

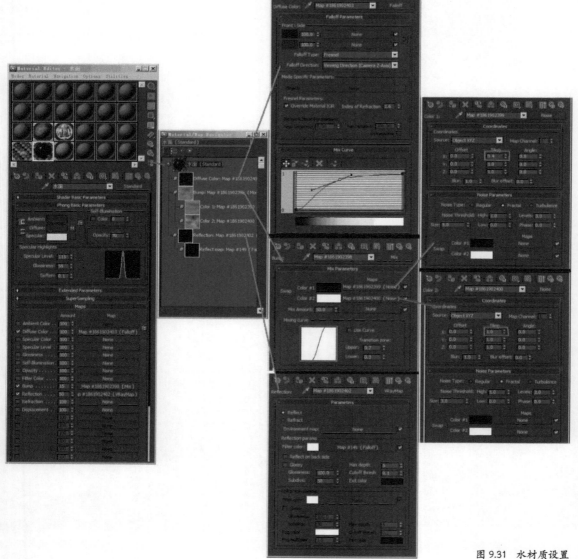

图9.31　水材质设置

9.5.2 水底

由于是鸟瞰场景，所以选择了一张鸟瞰海水的贴图作为水底，来模拟真实环境下的水底，水底材质及其设置界面如图 9.32 和图 9.33 所示。

（1）单击主工具栏中的 Material Editor（材质编辑器）按钮，打开材质编辑器窗口。单击 Get Material（获取材质）按钮，在弹出的 Material/Map Browser（材质／贴图浏览器）窗口左栏中选择 Selected（选定对象）选项，在右栏显示所选模型使用的材质"水底"，双击材质名称，将其调入材质编辑器窗口。

（2）在 Diffuse（漫反射）上放入海底的贴图。

（3）调节材质的 UVW 贴图通道，来调节水底的材质贴图。

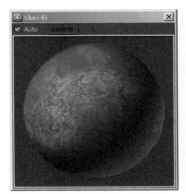

图 9.32　水底材质

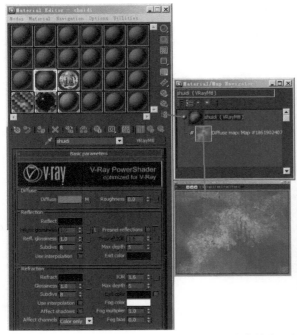

图 9.33　水底材质设置

9.5.3 室内贴图

室内表现近景处可以放置模型，体现细节，本案是鸟瞰，可以用贴图表现室内的商业活动。

（1）把玻璃模型复制一层，使其在建筑室内的位置，然后在复制的这层模型上贴上室内贴图，来模拟室内环境，如图 9.34 所示。

图 9.34　室内环境模型

（2）选择室内模型单击鼠标右键，在弹出的 Object Properties（对象属性）对话框的 General（常规）选项卡中，取消 Receive Shadows（接收阴影）复选框和 Cast Shadows（投射阴影）复选框的勾选，如图 9.35 所示。室内环境只是模拟室内空间，不产生 GI，不接受 GI。

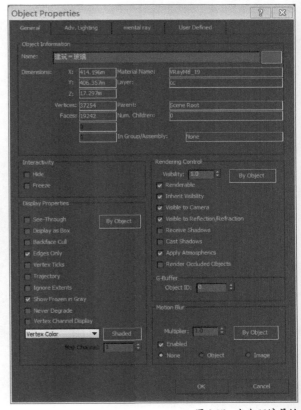

图 9.35　室内环境属性

（3）室内 Omni 灯要排除室内环境，使它从室内亮出来。在 Omni 灯修改面板，排除玻璃物体和室内模型物体，如图 9.36 所示。

（4）室内环境的贴图也是室内正立面的图片，贴图要注意透视关系，不要放三点透视在室内模型上。平时晚上逛街，带上相机多拍一些照片作为素材，室内贴图效果如图 9.37~ 图 9.38 所示。

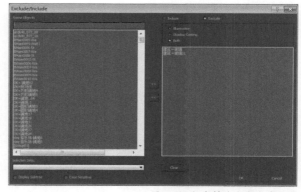

图 9.36 灯光排除室内环境模型

图 9.37 室内贴图 01

图 9.38 室内贴图 02

（5）单击主工具栏中的 Material Editor（材质编辑器）按钮，打开材质编辑器窗口。单击 Get Material（获取材质）按钮，在弹出的 Material/Map Browser（材质/贴图浏览器）窗口左栏中选择 Selected（选定对象）选项，在右栏显示所选模型使用的材质"室内模型"，双击材质名称，将其调入材质编辑器窗口，室内材质效果如图 9.39 所示。

（6）将 Diffuse Color（漫反射颜色）颜色设置为室内贴图。选取一层贴图作为室内模型的贴图，这里要注意场景是商业还是办公的，根据场景选择不同的贴图。

（7）将 Color（自发光颜色）设置为 100，模拟被照亮的室内。

（8）在 Reflection（反射）通道上指定室内贴图。

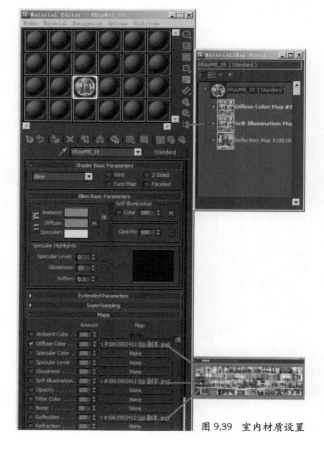

图 9.39 室内材质设置

9.5.4 路灯光晕

用米字片模型来模拟路灯的光晕效果，在夜景中模拟路灯产生的光斑，使其更加真实。

（1）建立一个"米"字形的模型，并把它塌陷成一个物体。这样模拟灯光光斑效果，使其更有立体感，如图 9.40 所示。

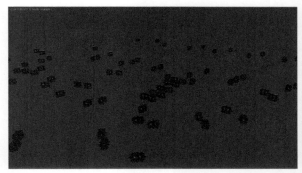

图 9.42 路灯光晕摆放效果

（3）单击主工具栏中的 ■ Material Editor（材质编辑器）按钮，打开材质编辑器窗口。单击 ■ Get Material（获取材质）按钮，在弹出的 Material/Map Browser（材质/贴图浏览器）窗口左栏中选择 Selected（选定对象）选项，在右栏显示所选模型使用的材质"路灯光晕"，双击材质名称，将其调入材质编辑器窗口，路灯光晕材质及其设置界面如图 9.43 和图 9.44 所示。

（4）将 Diffuse Color（漫反射颜色）设置为灯光的黄色。

（5）将 Color（自发光颜色）设置为 75。

（6）在 Opacity（自发光）通道上指定路灯光晕贴图。

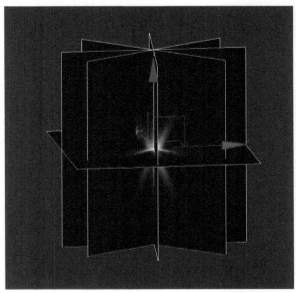

图 9.40　路灯光晕

（2）把路灯光晕的模型摆在路灯的模型顶上，使其模拟路灯发出的光线，并把路灯模型和路灯光晕模型组合，通过阵列摆放路灯，一起将路灯光晕模型摆好位置，光晕位置及摆放效果如图 9.41 和图 9.42 所示。

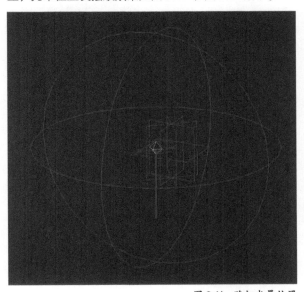

图 9.41　路灯光晕位置

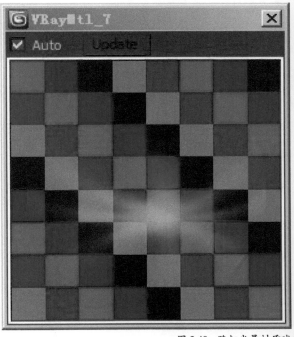

图 9.43　路灯光晕材质球

图 9.44 路灯光晕材质设置

9.6　夜景渲染输出

建筑动画与效果图的不同之处在于渲染参数的调整，动画有时为了提高渲染速度，会使用更适合的参数，并且有一个光子文件需要先渲染，然后才能渲染动画成品。

最终渲染设置是在渲染面板上，单击主工具栏的渲染器图标，进行设置。

光子设置及成图设置参考 4.7.2 节和 4.7.3 节的讲解。

9.7　本章总结

夜景一般在建筑动画中结尾的部分出现，夜景鸟瞰是容易引起观众震撼的场面，通过本章的学习，掌握夜景的制作思路，控制整体色调与氛围。本章主要讲解夜景动画中灯光的制作思路，夜景材质的调节和夜景景观的摆放等。要通过大量的练习，掌握制作要领，并且制作时多思考，把握感觉，掌握重点，提高效率。

动画师晚上可以去商业街等灯光灿烂的地方逛一逛，看一看现实中的灯是怎么发光的，环境在夜晚灯光的照射下是什么样子的。多拍照片，对比不同景观夜景的不同。另外，夜景照片的收集也是平时必备的工作。

第 10 章
后期制作
——逆光码头

建筑动画相对胶卷图片的优势是它的灵活性与渲染的时候会用到的无数选项。

它给我们提供了很大自由，并且让我们在前期制作、后期修改时有更多的可能性，总的来说就是调整了最终的图像。后期处理工具变得越来越强大，带给我们越来越多的意外的结果。

10.1.1 分解元素

分解与重组图像中的每个元素是很有用的，也是很枯燥的。

我们可以根据特定需要来决定图像需要分割的元素数量，这让 VRay 成了最后处理阶段极其有用且灵活的工具。使用 VRay 分解与重建元素，最直接地将图像分解并且重建的方法叫作"基本合成"。"基本合成"包含了渲染出的元素：直接照明、全局照明、反射、折射、背景、高光、自发光等，如图 10.1 所示。

Diffuse Colour（固有色）

Ambient Occlusion（环境光）

Direct（直射光）

Reflection（反射）

Specular（高光色）

Indrect Light（间接色）

图 10.1

这些元素被混合。分解与重建的这个过程执行以后能够对每个元素单独进行控制。除了"基本合成"，还有另外一个能够将直接照明、全局照明、反射等元素分解为 RAW 图层，并将图像中的数据分解成更复杂的选项。

这种方法获得了更高程度的灵活性，动画师能重新调整渲染器的每个方面。但是这些流程会让工作流程更加复杂，在操作那些并非最终图像的其他类型元素时更是如此。这些元素包含了一些后续计算中所需要的信息，如景深或运动模糊会在后期中被添加进来，就包含例如速度或深度的信息。

10.1.2 分解场景：移动对象

完美的虚拟世界是一个能够呈现任何类型场景非常详细位置的环境，无须要求在高分辨率的情况下保持较短的渲染时间或在合理渲染时间的条件下保持特定的参数，从而创建出真实的感觉。

无论硬件发展得多么迅速，我们都需要使用尽可能多的方法来优化虚拟图像，从而避免过长的渲染时间或闪烁的渲染问题。

最简单的方式或不会让渲染与后期处理流程过于复杂的方式就是一次性将它们都渲染出来，同时将场景对象都渲染出来。有时候，无论如何调整与增大参数，还是没办法解决闪烁等一系列问题。另外一些时候，只能简单将场景分解为静态的结构，然后移动元素。

10.1.3 整合

场景被分解成动态与静态对象，虚拟元素与实拍人物被合成到一个场景中。渲染不同层上的不同元素，并且通过遮罩、阴影、反射的元素将所有这些元素（漫反射、反射、阴影、全景照明、折射等）合成到背景中，如图10.2所示。

图 10.2 整合

10.1.4 色彩校正

适用于摄影与电影制作的理论也能被用于建筑动画中，虚拟相机给出了超过市场上任何相机范围的动态范围，它可以用于照片与电影中。

照片与电影中的每个后期处理都应该为动画师提供最大可能的动态范围，从而让它们在后续细调颜色至照片级的时候更加自由，也更加灵活。原始图像在被处理之前可以看作负片：看起来很苍白，缺乏饱和度和对比度，通常通过指数曲线与对数曲线的方式呈出来。

允许数码色彩校正器超越一个褪色的图像的限制，从而经受住苛刻的校色制作流程。防止降低动态范围，在一边得到黑色，另一边得到白色，如图10.3所示。

图 10.3 色彩校正

10.1.5 色彩、色调映射

在制作动画序列帧的时候，建议在最终图像中重新调整光线亮度值。

在TGA格式中，使用32位通道可以浓缩最大信息量的最全面的选项与模式，包含了全部光线与亮度的范围。它能够根据我们的需要来修改，包括生成图像真实的曝光度，也包括各种类型的色调处理，且任何情况下都不会影响到最终的图像质量。这个图像可以被无限拉伸与压缩。

1. 色彩校正一：摄影过程

在明暗对比强烈的环境下拍摄，普通相机因受到动态范围的限制，不能记录极端亮或暗的细节。经过后期处理的照片，透过局部加光或减光，来增减照片光位与暗位的层次。即使在明暗对比强烈的情况拍摄下，无论高光、暗位都能够获得比普通照片更佳的层次。

适用于摄影的理论也能被用于建筑动画，虚拟相机给出了超过市场上任何相机的动态范围，它可以用于静态图片渲染与CG电影中。

建筑动画的每个后期元素都是一张张的图片，应该为后期校色提供最大可能的图片动态范围，从而在后期制作阶段，细调颜色至照片级的效果，工作上更加自由，也更加灵活。原始图像在被处理之前可以看作负片：看起来很苍白，缺乏饱和度和对比度，通常会通过曲线与色阶等方式调整。

允许后期的色彩校正超越相机本身色域的限制，从而经受住苛刻的校色制作流程。防止降低动态范围，能够获得比普通照片更佳的层次，如图10.4所示

图 10.4 高动态范围

2. 色彩校正二：艺术的主体性

摄影与电影工业总是用不同的色彩来表现画面，将它们作为向观众传达特殊的气氛、情绪、情节及形象化状态的关键元素。Adobe Effect 中的色彩调整可以控制色彩、色调、亮度、饱和度，它有好几种预先定义的调色板模板，在我们校正色彩的时候都会碰到。不过这个阶段的优点在于绝对的主观性。

这个阶段是主观性的部分，也是最艺术性的阶段。

现在能够应用在数码图像上的色彩特效非常多，Looks 就为我们提供了一种轻松的控制色彩、色调、亮度和饱和度的方法。一幅图像的亮度可以分解为：高光、中间调、阴影，很多程序能够控制这 3 部分，只是灵活性与精确度或强或弱。类似的，图像的最终外观也可以使用基于 3 个或多个参数的其他常用操作选项来编辑。

- Color Curves 色彩曲线
- Lift-Gamma-Gain 提升伽马增益
- Offset-Gamma-Gain 偏移伽马增益
- HSL 色相、饱和度、亮度

所有这些方法都可以根据处理最终图像的软件来执行。大部分的合成软件都能被用于色彩调整，还可以通过色调来分离颜色，通过制作遮罩来独立地处理它们而得到更多的改进等，可能性是无限的。

在 Adobe Effect 中合成最终的图像，然后选择同一个程序来对场景进行色彩校正，再使用 Magic Bullet Looks（Red Giant）的外部插件。这是一个非常出色的程序，它提供给我们非常多的特效，从色彩校正到镜头与相机特效。它能完美地与渲染图片配合来制作一个建筑项目的色彩校正。

- Adobe Effects 特效
- Camera and Lens Effects 相机和镜头特效
- Depth Of Field 景深

景深就像运动模糊，是可以在后期中添加的。能够应用这种特效的软件的焦距都是基于灰阶位图或深度贴图的，VRay 可以轻易地将它作为一个额外的元素渲染出来，灰阶图中包含可渲染的场景中对象之间的距离，白色是距离相机最近的，黑色在后面。运动模糊对于整个相机与镜头来说是一样的，景深根据焦距的大小与算法而不同，如图 10.5 和图 10.6 所示。

注意：

这些深度图有时候在处理那些处于焦距之外，但是距离相机很近的元素的时候就显得有些不足。如果特效太过

复杂，建议将场景分解为两种元素，将背景与前景元素作为独立的层来处理，从而在每种情况下都能得到一定的模糊效果，避免出现不正确的特效。

图 10.5　景深 01

图 10.6　景深 02

10.1.6　运动模糊

运动模糊可以在最初的渲染器中使用 VRay Physical Camera（VRay 物理相机）制作出来，也可以在后期特效中添加进来。

运动模糊是物理相机的一个特性，渲染器提供的解决方案或许是基于光线跟踪算法的，也需要非常多的计算时间。如果可能，通过后期会有很多选择，为相对比较柔和的运动得到精确的结果，并且也能使用运动矢量层应用运动模糊，如图 10.7 所示。

图 10.7　运动模糊

10.1.7 眩光

根据现实世界中使用的镜头类型，制作眩光特效有很多可选的合成软件与外部插件。当有这么多可用的镜头后，最终效果基本上取决于个人艺术性的选择，如图10.8所示。

图 10.8 眩光

最终结果是高光和眩光两个元素的综合：眩光是由于在低质量镜头上，过亮的或因为动态范围过于稀疏而曝光过度形成的色差区域。眩光是在专业摄影与短片中应该避免的，但是在某些情况下它们是无法避免的，例如可见光。在这些情况下，通过高动态范围 EXR 的方式将它们渲染出来保留图像所有的光线信息，这样使用后期软件制作眩光特效的时候就容易多了。

后期处理软件中自然的眩光特效通常能够很好地处理高动态范围，并且在将一种特效叠加到另一种上面的时候给我们一种强化的控制能力，建议从最小的特效开始制作，然后逐渐在层中添加特效来生成与真实照片类似的渐变效果。

VRay 使用 VRay Lesn Effects 生成的 Bloom 或 Glare 特效可以在没有初始渲染器的情况下应用，通过添加层，在后期中，将元素应用或重新调整到初始渲染器中。

10.1.8 装饰性镜头

低质量的镜头或装饰性镜头也能创建例如光晕、色差、径向畸变和经向模糊这样的特效。光晕是在暗色区域出现在图像周围的时候产生的。镜头角度越广，光圈越广，光晕就越多。

色差影响了相同的区域，它是由质量较差的镜头导致的光线衍射。它被分为：红色、青色、绿色、洋红、蓝色、黄色等可见色调。

径向畸变是由镜头产生的变形效果，它让直线看起来稍微有些弯曲。

径向模糊是距离合成中心最远的部分看起来稍微有点模糊。

可以在动画场景中添加人造的逼真特效。绝大部分都出现在边缘的位置，在镜头的中心部分基本上是看不见的。

这些特效都可以使用后期软件来实现，然后根据需要将它们应用到最终的图像中，但要注意，这些特效是由真实世界中镜头与相机的固有缺陷引起的，不要画蛇添足。

10.1.9 镜头光晕

镜头光晕：模拟非常强的光晕，例如太阳的光晕。

尽管它们与常见的眩光很相似，但是它们使用不同类型的插件来应用，根据成分的多少，它们会更加复杂，如图 10.9 所示。

图 10.9 太阳的光晕

10.2 案例背景分析

本案例是一个逆光的码头，远景是一个小岛，由于是博物馆项目，要做宽屏的比例，渲染尺寸也很大，以展示更多的内容，用逆光体现不同的氛围，前景的工业模型要精细调节，体现质感，最终渲染文件如图 10.10~图 10.13 所示。

图 10.10 逆光码头 01

图 10.11 商业逆光 01

图 10.12 逆光码头 03

图 10.13 逆光码头 04

10.3 逆光镜头的场景整理

逆光镜头不同于一般的镜头，整理场景时要结合相机的运动，在保证基础模型完整的前提下，尽量精简而不能出现模型少一部分的情况，近景的模型需要细节。

10.3.1 模型整理

整理场景面数和物体数，如图 10.14 所示。

可以根据办公楼场景的文件有重点地调整场景，主楼的模型要保留，楼顶上面在镜头以外的细节可以根据需要删除。地面根据镜头需要精简处理，因为要添加景观元素，地面模型可以精简。主楼后面看不到的模型可以删除，主楼前面要保留一些简模，作为主楼玻璃反射使用。

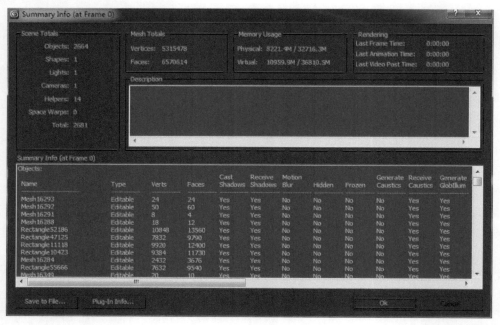

图 10.14　模型整理

10.3.2　贴图整理

贴图和代理是 3ds Max 文件的一部分，制作前找齐贴图和代理文件，能够帮助动画师提高工作效率，并防止因为网络问题出现的渲染速度慢甚至场景文件损坏，如图 10.15 所示。

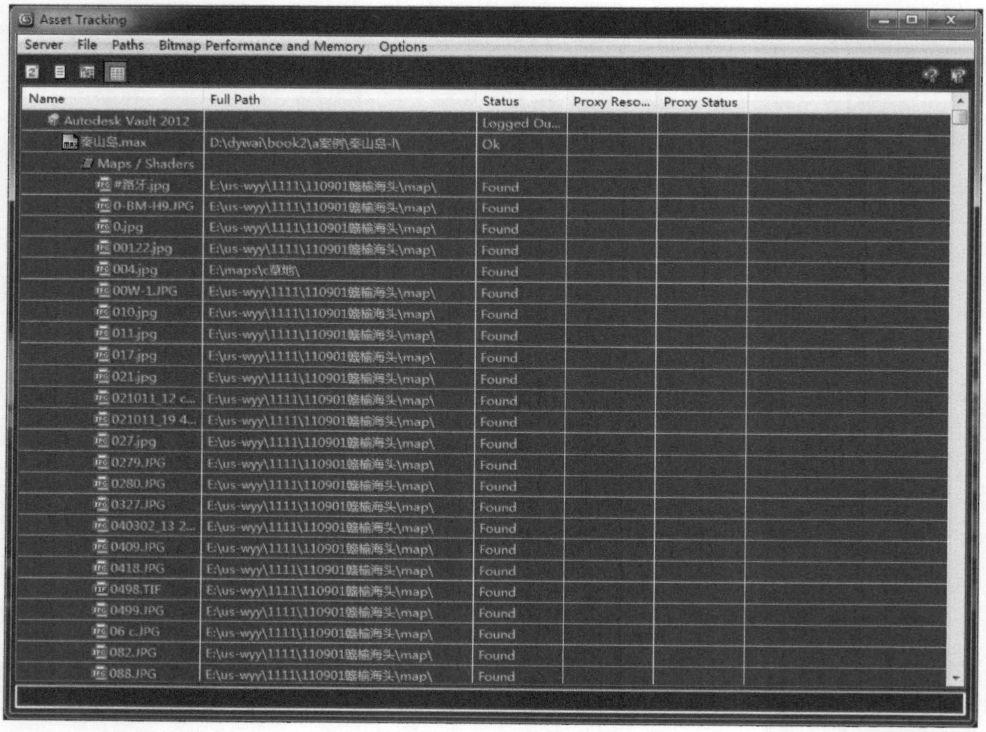

图 10.15　贴图整理

10.3.3 图层整理

由于文件中素材比较多，可以使用图层工具，像 Photoshop 一样，把不同的元素归纳到不同的图层里分别处理，这样可以提高工作效率，并且在工作中，使用图层和同伴交换文件素材时更加方便，如图 10.16 所示。

图 10.16　图层整理

10.4　逆光角度镜头灯光的设定

本项目是一个正常的白天效果，这里用 VRaySun 做太阳光，在建筑表现中，一般把建筑正面作为亮面，这里就把主楼的入口面作为亮面，如图 10.17~ 图 10.20 所示。这是渲染出来的灯光测试。

图 10.17　商业逆光 01

图 10.18　商业逆光 02

图 10.19　商业逆光 03

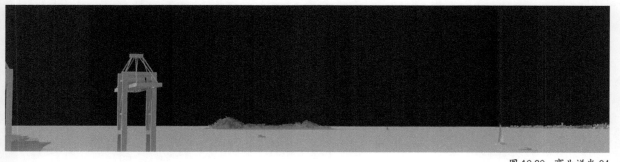

图 10.20　商业逆光 04

10.4.1　太阳光 VRaySun

这里太阳光要多次测试，不能只顾鸟瞰或只顾人视图角度而忽略整体的表现。可以让运动镜头根据镜头大的走向调节太阳光的方向，没有统一的参数，以最终效果好看为目标。

1. 用 VRaySun 制作太阳光主光源

（1）进入 Creat（创建）面板，单击 Lights（灯光）按钮，在 VRay（VRay 光）下，单击 VRaySun（VRay 阳光）按钮，在顶视图中创建 VRay 阳光，在前视图调节 VRay 阳光的高度，如图 10.21 和图 10.22 所示。

（2）在弹出的对话框中选择否（N）选项。即 VRaySun 和 VRay Sky 分别具有单独的数值。

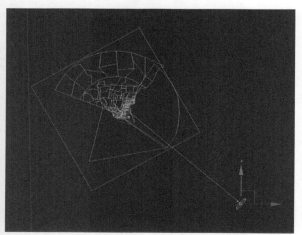

图 10.21　顶视图 VRaySun

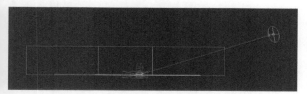

图 10.22　前视图 VRaySun

2. 调节 VRaySun 参数

（1）enabled，开启面光源，参数设置如图 10.23 所示。

（2）turbidity，大气的混浊度，这里设置为 5.0。这个数值是 VRaySun 参数面板中比较重要的参数值，它控制大气混浊度的大小。早晨和日落时阳光的颜色为红色，中午为很亮的白色，原因是太阳光在大气层中穿越的距离不同而呈现不同的颜色，早晨和黄昏太阳光在大气层中穿越的距离最远，大气的混浊度也比较高，所以会呈现红色的光线，反之正午时混浊度最小，光线就非常亮、非常白。

（3）intensity multiplier，控制着阳光的强度，数值越大阳光越强。这里设置为 0.04。

（4）shadow bias，阴影的偏差值，一般设置为 0，减少阴影的偏差。

图 10.23　VRaySun 参数

10.4.2 环境光、背景色

（1）打开 Rendering（渲染）卷展栏，选择 Environment（环境）选项卡。

（2）在 Environment（环境）面板中调节 Color（颜色），Color 越白，天光越亮，Color 越暗，天光越暗，如图 10.24 所示。

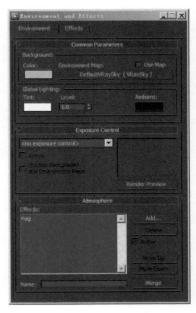

图 10.24　环境光

10.5　逆光镜头材质及贴图的调整

灯光调整到一定阶段就要开始调整材质和贴图。本案例中镜头跨度比较大，鸟瞰材质和人视图材质有时候会有冲突，这就需要动画师不断进行调整、测试，并得到最终效果，如图 10.25 所示。

图 10.25　材质

10.5.1 白金属材质

白金属在场景中是很近的物体，这里用 VRay 材质调节，白金属材质及其设置界面，如图 10.26 和图 10.27 所示。

（1）单击主工具栏中的 Material Editor（材质编辑器）按钮，打开材质编辑器窗口。选择空白材质球，将其

由 Standard（标准材质）转换为 VRayMtl（VRay 材质），赋予场景中的白金属。

（2）在 Diffuse（漫反射）上贴上拉丝不锈钢贴图，目的是让反射有拉丝金属的效果。

（3）将 Hilight glossiness（高光光泽度）的 L（锁定）打开，目的是让金属架有一定高光光泽度，设置为 0.71。

（4）将 Refl.glossiness（光泽度）的参数，设置为 0.86，让金属架产生模糊反射。此数值越低，模糊反射的强度越高，反之亦然。

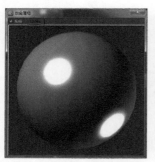

图 10.26　白金属材质球

图 10.27　白金属材质设置

10.5.2　河水材质

河水的材质受环境影响比较大。水会随着风而形成动画效果。这是体现建筑动画灵性的要素之一，河水材质及其设置界面如图 10.28 和图 10.29 所示。

（1）单击主工具栏中的 Material Editor（材质编辑器）按钮，打开材质编辑器窗口。单击 Get Material（获取材质）按钮，在弹出的 Material/Map Browser（材质／贴图浏览器）窗口左栏中选择 Selected（选定对象）选项，在右栏显示所选模型使用的材质"水"，双击材质名称，将其调入材质编辑器窗口。

（2）选择 Blinn Basic Parameters（Blinn 基本参数）卷展栏，单击 Ambient（环境光）和 Diffuse（漫反射）之间的按钮将两者锁定，在 Diffuse（漫反射）上贴上 Falloff（衰减）贴图，修改 Specular Level（高光级别）和 Glossiness（光泽度）分别为 119 和 60。

（3）将 Opacity（透明度）设置为 100，贴上 Falloff（衰减）贴图。

（4）在 Bump（凹凸贴图）卷展栏的凹凸通道上指定 Noise（噪波贴图），在 Noise（噪波贴图）里调节动态水的数值变化，凹凸数量为 10 左右。也可以在 Noise（噪波贴图）里面再加一层 Noise（噪波贴图），以增加细节。

（5）在 Reflection（反射）通道上指定 VRayMap（VRay 反射贴图），数量为 100，将 VRay 反射贴图贴上 Falloff（衰减）贴图。

图 10.28　河水材质

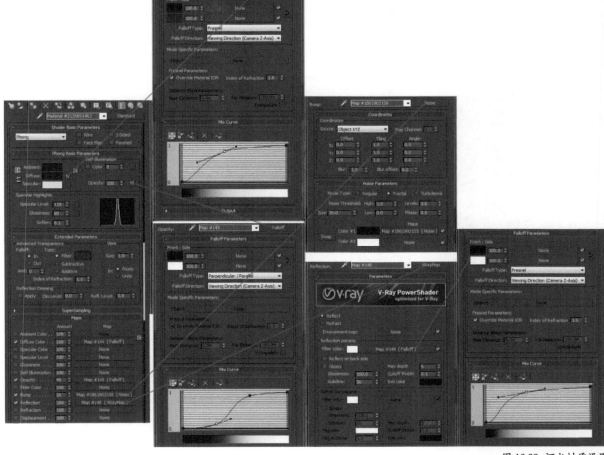

图 10.29 河水材质设置

10.5.3 机身材质

机身材质在场景末帧是很近的物体，这里用 VRay 材质调节，以体现它的质感，机身材质及其设置界面如图 10.30 和图 10.31 所示。

（1）单击主工具栏中的 Material Editor（材质编辑器）按钮，打开材质编辑器窗口。选择空白材质球，将其由 Standard(标准材质)转换为 VRayMtl(VRay 材质)，赋予场景中的机身。

（2）在 Diffuse（漫反射）上贴上 Mix（混合贴图），在混合材质上放入贴图和机身色，并用黑白通道贴图混合，让机身有纹理效果。

（3）将 Hilight glossiness(高光光泽度)的 L(锁定)打开，让金属架有一定高光光泽度，设置为 0.6。

（4）将 Refl. glossiness（光泽度）的参数，设置为 0.85，让金属架产生模糊反射。此数值越低，模糊反射的强度越高，反之亦然。

图 10.30 机身材质

图 10.31 机身材质设置

10.6 逆光码头动画场景的细化

在住宅项目中，注重植物场景素材，大面积的树种好后就基本完成了。在商业项目中，要多收集工业素材，这些素材可以有效地增加场景细节，靠近镜头的模型添加了精致模型，细节立刻就有了。图 10.32 所示为杆件素材。

图 10.32 杆件素材

10.7 最终渲染设定

建筑动画与效果图的不同之处在于渲染参数的调整，动画有时为了提高渲染速度，会找到更适合的参数。并且有一个光子文件需要先渲染，然后才能渲染动画成品。

最终渲染设置是在渲染面板上，单击主工具栏的渲染器图标，进行设置。

光子设置及成图设置参考 4.7.2 节和 4.7.3 节的讲解。

10.8 本章总结

本章是商业逆光的表现，要求动画师有很强的对于不同场景的把握与控制能力。在鸟瞰中，注意大的关系，包括灯光的光影效果、材质的调节和植物的搭配等，在人视图中注意细节的调节、光线在人视图中的效果、植物在人视图中的搭配层次和材质的精细刻画等。

前面介绍了很多摄影的专业知识，我们可以将摄影的元素有选择地应用在自己的场景中，不断优化自己的画面效果，无论是前期渲染出来的效果还是后期的合成效果，只要能达到最优效果，就是值得花时间学习的。

动画师平时多积累工作经验，会对完善有挑战性的场景的制作起到至关重要的作用。

第 11 章
无缝转场
——由天空到水景的无缝转场

11.1 无缝剪辑的讲解

　　无缝剪辑是影视剪辑中镜头与镜头组接的一种方法。在电影剪辑中，无缝剪辑技术主要有 3 种方式，即无缝剪辑合成长镜头、无缝剪辑实现流畅的场景转换、多帧画面无缝合成奇观镜头。

　　镜头一般应是连贯流畅和运动的，剪辑的目的是抹去剪切的痕迹，让观众在看电影时看不到剪辑的存在，甚至忘记是在看电影，最终渲染文件如图 11.1~ 图 11.4 所示。

图 11.1　无缝转场 01

图 11.2　无缝转场 02

图 11.3 无缝转场 03

图 11.4 无缝转场 04

11.2 案例制作重点

　　本案例讲解无缝剪辑的概念和镜头语言的基本知识。摄像机镜头主要是水景景观转向水的特写，由水反射天空，从天空向下摇动镜头，出现别墅场景。通过水景镜头和别墅镜头衔接，实现自然转场的实际操作，加深无缝剪辑的理解。注意，两个场景中天空和水的色调要统一，通过类似的颜色转化实现无缝转场。

11.3 镜头语言

镜头对于场景的表现很重要，它涉及镜头的选择、镜头的组装、镜头的长度计算、镜头间的切换，以及画面与音乐的配合效果。每一个场景都需要用镜头代替语言表现所说明的内容，而镜头的表现需要用摄像机完成。在三维软件中，摄像机就是模拟真实摄像机而设定的，一是镜头尺寸，二是焦距长短。其中镜头尺寸用来描述镜头规格单位，焦距的长短决定镜头的视角、视野、景深范围的大小，影响再现物体的透视关系，所以它对场景的表现尤其重要。

建筑动画作为新兴的动画形式，常常借鉴影视动画中的镜头语言。下面讲解镜头知识，加深对建筑动画画面运动的认识。

11.3.1 运动镜头

运动镜头按照摄影机运动方式的不同，分为推镜头、拉镜头、摇镜头、移动镜头、升降镜头和综合运动镜头等。

1. 推镜头

将摄影机放在移动车上，对着被摄对象向前推进来进行拍摄，要注意所拍摄的画面。摄像机向前推进时，被摄主体在画面中逐渐变大，将观众的注意力引导到所要表现的部位。

推镜头有两种方式。

（1）变化机位的推镜头。以某一主体为目标，机位发生位移，由远及近向目标推进。

（2）改变镜头焦距的推镜头。机位不变，通过改变焦距的方式，由短焦距镜头逐渐变成长焦距镜头，使画面的景别逐渐缩小，最后集中到主体上形成一种推的视觉感受。

2. 拉镜头

将摄像机放在移动车上，对着人物或景物向后拉远所拍摄的画面。摄像机逐渐远离被摄主体，画面就从局部逐渐扩展，使观众的视点后移，看到局部和整体之间的联系。

拉镜头有两种方法。

（1）变化机位的拉镜头。从一个既定的主体目标开始，机位发生位移，由近及远逐渐与目标拉开距离。

（2）改变镜头焦距的拉镜。机位不发生变化，通过改变镜头焦距的方式，从长焦距镜头逐渐变成广角镜头，使得画面景别逐渐增大，最后落到大景别上，形成一种拉的视觉感受。

3. 摇镜头

摇镜头是通过摇摄而产生的一种电视镜头语言。在拍摄一个镜头时，摄像机的机位不做位移，只有机身做上下、左右的运动。

摇镜头的作用主要是：

（1）介绍环境。

（2）从一个被摄主体转向另一个被摄主体。

（3）表现人物的运动。

（4）代表主观视线。

（5）表现观众内心感受。

摇镜头虽然机位没有发生位移，但是视轴的运动方向却有以下 3 种方式。

（1）水平摇，也称横摇。摄像机视轴做水平方向的运动。

（2）垂直摇，也称竖摇。摄像机视轴做垂直方向的运动。

（3）斜摇，摄影机视轴沿斜线运动，摇动时，视轴在水平和垂直方向都可以发生变化，可以呈现为对角线或是近似于对角线方向的摇摆。

摇镜头的幅度可以通过摇动的角度大小来区分。

（1）扇形摇。摇的幅度小于 180°。

（2）半圆形摇。摇的幅度接近或等于 180°。

（3）圆形摇。摇的幅度为 360°。也称 360° 环摇。

摇镜头依据速度不同分为以下 3 种。

（4）慢摇

（5）中速摇

（6）快摇

4. 移动镜头

摄像机沿水平方向做各方面的移动（"升""降"是垂直方向的）。

移动镜头有两种情况。

（1）人不动，摄像机动。

（2）人和摄影像都动。（接近"跟"，但是，速度不一样）。

移动镜头按照移动方向不同，分为 4 种基本形式。

（1）横移。摄像机机位横向移动，展现横向空间。

（2）前移。摄像机机位向前移动。

（3）后移。摄像机机位向后移动，前镜头和后镜头均可展现画面的纵深空间。

（4）曲线移。摄像机机位做各种曲线运动，移动线路有弧形、半圆形、圆形和"S"形等。

5. 跟镜头（跟）

摄影机跟随被摄主体一起运动。

"跟"与"移"的区别为：

（1）摄影机的运动速度与被摄主体的运动速度一致。

（2）被摄主体在空间取景中的位置基本不变。

（3）空间取景的景别不变。

6. 升降镜头

摄影机在升降机上做上下运动所拍摄的画面，是一种从多个视点表现场景的方法，其变化有垂直升降、弧形升降、斜向升降或不规则升降。升降镜头在速度和节奏方面运用适当，可以创造性地表达场景。

7. 综合运动镜头

综合运动镜头是在一个镜头中将推镜头、拉镜头、摇镜头、移动镜头、升降镜头和综合运动镜头等运动方式不同程度、不同方式地结合起来运用所形成的综合运动拍摄方式。

综合运动拍摄方式多种多样，但是结合的方式有3种基本类型。

（1）两种或两种以上的运动方式同时进行。比如在一个移动镜头中，摄像机一边移动拍摄，一边摇；或者一边移动，一边又向前推进或向后拉出；在升降镜头中，一边升降，一边向前推进或向后拉出，同时还可以结合摇。构成一个多种运动方式同时进行的综合运动镜头。

（2）两种或两种以上的运动方式先后衔接，顺序出现。先后推摇，先后移动。

（3）将上面两种综合运动类型结合起来。在同时采用两种或两种以上的运动方式的基础上，在延续的过程中，再采用另外的运动方式，在一个镜头中构成复杂的连续的变化。

镜头画面的组合除采用光学原理的手法，还可以通过衔接规律，使镜头之间直接切换，使情节更加自然顺畅。

具体方法如下。

（1）连续组接。相连的两个或两个以上的一系列镜头表现同一个主体的动作。

（2）队列组接。相连镜头不是同一主体的组接，由于主体的变化，下一个镜头主体的出现会使观众联想到上下画面的关系，起到呼应、对比、隐喻烘托的作用。队列组接往往能创造性地揭示出一种新的含义。

（3）黑白格的组接。可以产生一种特殊的效果，如闪电、爆炸、照相馆中的闪光灯效果。组接时，可以将需要的闪亮部分用白色画格代替。在表现各种车辆相撞的瞬间由若干黑色画格组成，或者在合适时将黑白相间的画格交叉，有助于加强影片的节奏，渲染气氛，增加悬念。

（4）两级镜头组接。由特写镜头直接跳切到全景镜头或从全景镜头直接切到特写镜头的组接方式。这种方法能使情节的发展由动转静或由静转动，给观众直接的感觉。节奏上形成突如其来的变化，产生特殊的视觉和心理效应。

（5）闪回镜头组接。用闪回镜头，如插入人物回想往事的镜头，这种组接技巧可以揭示人物内心变化。

（6）同镜头分切组接。将同一镜头分别在几个地方使用，可能因为画面需要的素材不够，或者因为有意重复某一个镜头，来表现人物的追忆，也许是为了强调某一画面的特殊性。

11.3.2 景别

景别是指被摄主体和画面形象在屏幕框架结构中所呈现的大小和范围。不同的景别可以引起观众不同的心理反应，全景突出气氛，特写突出情绪，中景适合表现人物交流，近景侧重于揭示人物内心世界。由远到近的景别适合表现愈益高涨的情绪；由近到远的景别适合表现宁静、深远或低沉的情绪。

景别一般分为大远景、远景、全景、中景、近景、特写和大特写。

1. 远景

远景一般表现广阔空间或开阔场面的画面。如果以成年人为尺度，由于人在画面中所占面积很小，基本上呈现为一个点状体。

远景视野深远、宽阔，主要表现地理环境、自然风

貌和开阔的场景和场面。远景还可以分为大远景和远景两类。大远景主要用来表现辽阔、深远的背景和宏大的自然景观，像连绵不断的群山、浩瀚的海洋、广阔的草原等。

远景的空间取景一般不用前景，而注重通过深远的景物和开阔的视野将观众的视线引向远方，要注意调动多种手段来表现空间深度和立体效果。所以，远景尽量不用顺光，而选择侧光或侧逆光以形成画面层次，显示空间透视效果，并注意画面远处景物的透视和影调的明暗，避免画面单调乏味。

2. 全景

全景一般表现人物全身形象或某一具体场景全貌的画面。全景画面能够完整地表现人物的形体动作，可以通过对人物形体动作的表现来反映人物内心情感和心理状态，可以通过特定环境和特定场景表现特定人物，环境对人物有说明、解释、烘托、陪衬的作用。

全景画面还具有某种"定位"作用，即确定表现对象在实际空间中方位的作用。例如一个小花园，加一个全景镜头，可以使所有景色收于画面中，使它们之间的空间关系、具体方位一目了然。

在制作全景时要注意各元素之间的调配关系，以防喧宾夺主。制作全景时，不仅要注意空间深度的表达和主体轮廓线条、形状的特征反映，还应着重于环境的渲染和烘托。

3. 中景

中景是主体的大部分出现的画面，中景是表现场景局部的画面，能使观众看清场景局部以进行情绪交流。

中景的分切破坏了该物体完整的形态，而其内部结构线则相对清晰起来，成为画面结构的主要线条。

在制作中景时场面要富于变化，空间取景要新颖优美。制作时，必须要抓取本质的特征，使表现的物体和镜头都富于变化。特别是制作物体时，更需要动画师把握住物体内部最富表现力的结构线，用画面表现出一个最能反映物体总体特征的局部。

4. 近景

近景是表现物体局部的画面，它的内容更加集中到主体，画面包含的空间范围极其有限，主体所处的环境空间几乎被排除到画面外。

近景是表现物体特征的主要景别，用它可以充分表现物体富有意义的局部，可拉近物体与观众之间的距离，容易产生交流感。

在制作近景时，要充分注意画面形象的真实、生动和客观、科学。空间取景时，应把主体安排在画面的结构中心，背景要力求简洁，避免庞杂无序的背景分散观众的视觉注意力。

5. 特写

特写一般是表现某些对象细部的画面。特写画面内容单一，可起到放大形象、强化内容、突出细节等作用，给观众带来一种预期和探索用意的意味。

在制作特写画面时，空间取景力求饱满，对形象的处理宁大勿小，空间范围宁小勿空。另外，在制作时不要滥用特写，使用过于频繁或停留时间过长，反而会降低观众对特写形象的视觉和心理关注程度。

如要制作别墅，当画面以全景推向中景时，别墅的外形逐渐被"排挤"出画外，别墅的内部及别墅的入户门逐渐成为变化的结构主线构成了一个特写景别。

11.4 水景的制作

本项目是一个正常的白天效果，这里用 VRaySun 做太阳光，图 11.5~ 图 11.7 所示为渲染出来的灯光测试。

11.4.1 灯光

运动镜头按照摄影机运动方式的不同，分为推镜头、拉镜头、摇镜头、移动镜头、升降镜头和综合运动镜头等。

1. 用 VRaySun 制作太阳光主光源

（1）进入 Creat（创建）面板，单击 Lights（灯光）按钮，在 VRay（VRay 光）下，单击 VRaySun（VRay 阳光）按钮，在顶视图中创建 VRay 阳光，并在前视图中调节 VRay 阳光的高度，如图 11.8 和图 11.9 所示。

（2）在弹出的对话框中选择否（N）选项，即 VRaySun 和 VRaySky 分别具有单独的数值。

图 11.5　灯光 01

图 11.6　的灯光 02

图 11.7　灯光 03

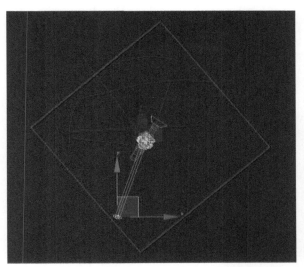

图 11.8　顶视图 VRaySun

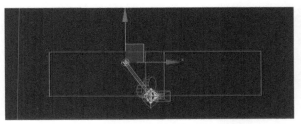

图 11.9　前视图 VRaySun

2. 调整灯光参数

• enabled，开启面光源，这里默认是勾选的，如图 11.10 所示。

• intensity multiplier（阳光强度），数值越大阳光越强。这里设置为 0.025。

图 11.10　VRaySun 参数

3. 在桥下创建 Omni 光进行补光

进入 Creat（创建）面板，单击 Lights（灯光）按钮，在 Standard（标准）下，单击 Omni（Omni 光）按钮，在顶视图中创建 Omni 光，经过不断调整测试，最后确定灯光，如图 11.11 所示。

图 11.11　Omni

4. 调整 Omni 灯光参数

（1）不勾选 Shadows（阴影）组选项，如图 11.12 所示。

（2）Multiplier（倍增器），控制灯光强度；设置为 1.0。根据场景大小不同有所变化，场景单位的不同也是影响数值的关键因素，这个数字不能死记硬背。颜色为灯光的颜色，这里为黄色。

（3）调整 Omni 光 的 Far Attenuation（衰减范围）。Start 是衰减的开始位置，End 是衰减的结束位置。

图 11.12　Omni 参数

5. 用背景色做环境光

天光也就是环境光，主要是在自然环境下的光，比如阴天时我们看到的光。阴天的光线比较柔和，可以用背景颜色控制天光，也可以用渲染面板中的环境光控制天光。它们性质相似，只是渲染面板中的环境光能够调节强度，而用背景颜色控制则不能调节强度。

（1）打开 Rendering（渲染）卷展栏，选择 Environment（环境）选项卡，如图 11.13 所示。

（2）在 Environment（环境）面板中调节 Color（颜色），Color 越白，天光越亮；Color 越暗，天光越暗。

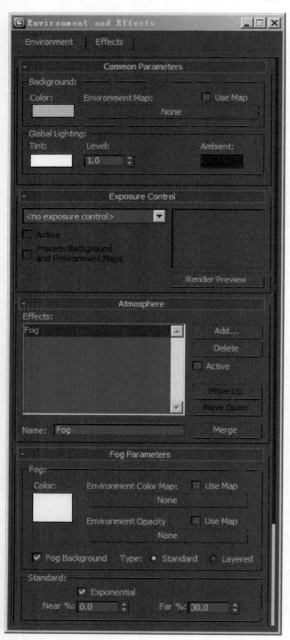

图 11.13　环境光

11.4.2　天空

无缝转场中天空的选择很重要，不仅水景中的水要反射天空，还要通过天空把视线引向别墅。所以，这里的天空要色彩干净并且有渐变的。天空中的云彩要好看，并且云彩的透视要正确。尤其要注意，天空的像素一定是足够大的，否则渲染出来都是马赛克，天空材质及其设置界面如图 11.14 和图 11.15 所示。

图 11.14　天空材质

图 11.15　天空材质设置

11.5 小别墅的制作

这里的别墅不同于别墅区的别墅，这是一个别墅的特写，所以要做得更加精致，由于是小场景又是特写，别墅上的一些景观要重点刻画。比如，阳台植物的摆放、窗帘的布置、遮阳伞的摆放及阳台上的人等。

11.5.1 灯光

这里是日景的表现，所以阳台正面作为阳光的主要面和别墅侧面形成明暗的对比。用前景树的投影将别墅下半部分遮挡，使画面中心移向别墅的正中心，如图 11.16 所示。

图 11.16　灯光

1. 创建灯光

进入 Creat（创建）面板，单击 Lights（灯光）按钮，在 Standard（标准）下，单击 Target Direct（目标平行光）按钮，在顶视图中创建一盏平行光，并调整灯光的方向和高度，经过不断调整测试，最后确定灯光，如图 11.17 和图 11.18 所示。

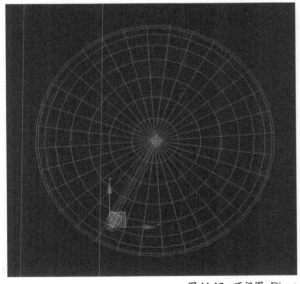

图 11.17　顶视图 Direct

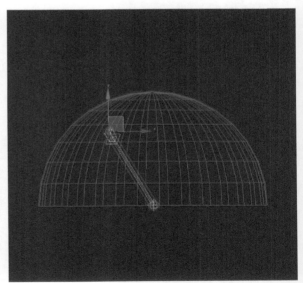

图 11.18　前视图 Direct

2. 调整灯光参数

（1）勾选 Shadows（阴影）选项组中 on（启用）复选框，在下拉列表中选择 VRayShadows（VRay 阴影）选项，VRAY 阴影可以使渲染速度更快，如图 11.19 所示。

（2）将 Multiplier（倍增器），控制灯光强度，设置为 1.0。根据场景大小不同有所变化，场景单位的不同也是影响数值的关键因素，这个数字不能死记硬背。颜色为灯光的颜色，这里为橘红色。

图 11.19　Direct 参数

3. 环境光的调整

环境光用背景颜色控制。在 Environment（环境）面板中调节 Color（颜色），这里调节为浅灰色，如图 11.20 所示。

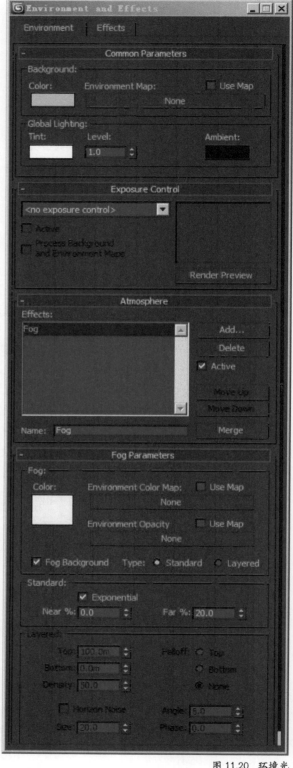

图 11.20　环境光

4. 设置 Z 通道

为了增加画面景深感，需要渲染 Z 通道，使其有一个前实后虚的效果。

（1）选择摄像机。

（2）设置摄像机的景深范围。调节 Environment Ranges（景深参数），Near Range（最近范围）调节景深开始的地方，Far Range（最远范围）调节景深结束的地方。这里，要在顶视图结合场景调节，摄像机景深范围及其参数界面如图 11.21 和图 11.22 所示。

（3）在渲染面板中增加 Z 通道。按快捷键 F10，打开渲染面板，进入 Render Elements（渲染元素设置）面板，单击 Add（添加）按钮，选择 VRay_ZDepth（景深滤镜）选项，为场景添加景深滤镜通道，并在下面设置参数，保存路径，如图 11.23 所示。

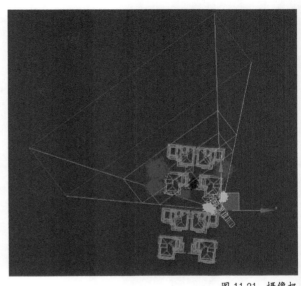

图 11.21 摄像机

图 11.22 摄像机参数

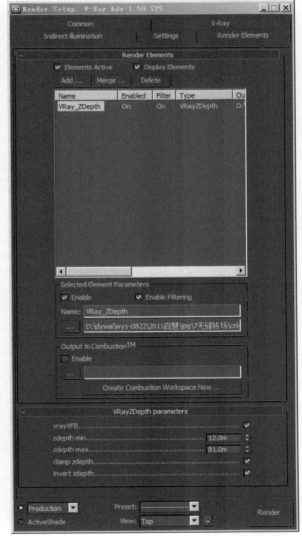

图 11.23 Z 通道

11.5.2 动态天空

前面讲了水景天空的选择，这里由于场景较小，可以考虑选择动态天空，就像一段天空的视频文件一样，天空中的云彩是能够移动的，模拟真实环境下的天空，动态天空材质及其设置界面如图 11.24 和图 11.25 所示。

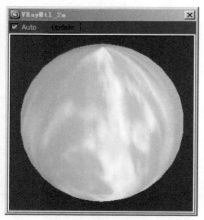

图 11.24 动态天空材质

图 11.25 动态天空材质设置

注意：

这里的天空不再是一张贴图，选择贴图序列作为动态天空，可以增加画面的动感和细节，如图 11.26 所示。

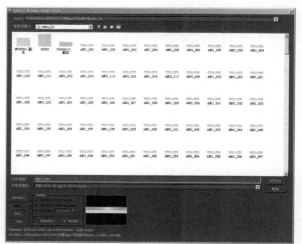

图 11.26 动态天空贴图

11.6 最终渲染设定

无缝转场会有两个文件，并且分别渲染光子文件，然后分别渲染动画成品，最后后期合成一个镜头。

最终渲染设置是在渲染面板上，单击主工具栏的渲染器图标，进行设置。

光子设置及成图设置参考 4.7.2 节和 4.7.3 节的讲解。

11.7 本章总结

无缝转场是动画电影中经常出现的表现形式。本章讲解了镜头语言的理论知识，并通过两个场景无缝转场的讲解，使动画师用理论结合实践来加深理解。在工作一段时间后，既要关注自己场景的表现，又要把握团队整体的动画取向。在转场镜头的制作中，要注意两个镜头的衔接，不仅是色调或物体带动的无缝转场，还要加强创新意识，创作出令人惊叹的无缝转场，就像动画电影"丁丁历险记"里的转场一样，要把场景在不知不觉的情况下转换掉，过后却回味无穷。

动画师平时要多看广告、电影、动画等相关的不同表现形式的作品，以开阔眼界，为自己的作品增加亮点。

第 12 章
后期合成校色剪辑输出
——后期的基本常识和 AE PR 介绍

- 常用的后期软件
- 音乐的选择与脚本的制作
- 3ds Max 和 After Effects 中关于制式的设置
- 动画后期基础知识
- After Effects 实际操作
- 动画剪辑的基础知识
- Adobe Premiere Pro 实际操作

12.1 常用的后期软件

PC 机上的后期软件有很多，这里介绍建筑动画中常用的合成软件 After Effects，如图 12.1 所示，剪辑软件 Premiere Pro，如图 12.2 所示。

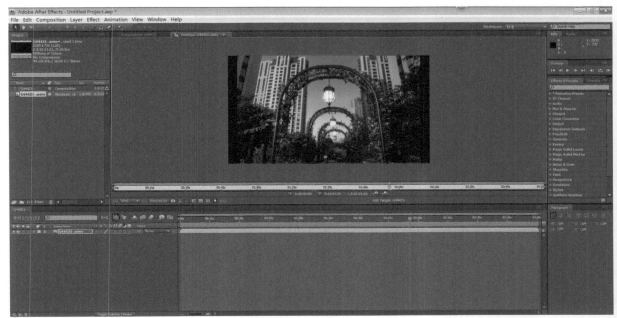

图 12.1 After Effects

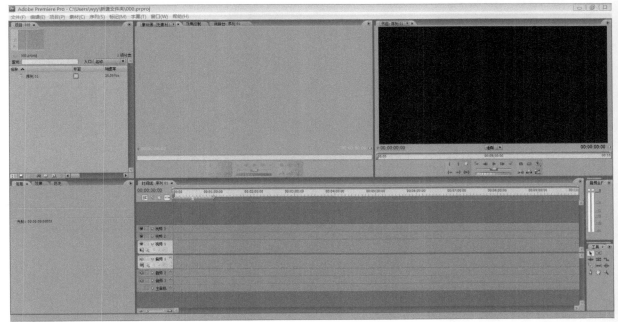

图 12.2 Premiere Pro

12.2 音乐的选择与脚本的制作

后期剪辑师会参与前期脚本制作、音乐的选择和动画构想的创作。前期的脚本预演就是在动画思路的基础上初步剪辑的小片。

有了基本的动画思路就可以选择音乐。音乐的选择是一个非常重要的环节，因为每一段音乐所表达的含义是不一样的。每个人对音乐的理解是不同的，这和自己的生活阅历、情感分不开。音乐在建筑动画中要起到烘托气氛的作用。动画与音乐的结合很重要，选择音乐就必须考虑到音乐和动画的结合性。音乐是影片的灵魂。

脚本是动画的提纲，做好一个动画，首先要有一个好的脚本。一个好的脚本，要先懂得怎样表现建筑的特点，怎样运用镜头代替自己的语言去说明建筑的特点。这就需要掌握前面讲解的一些基本知识，如镜头处理、灯光气氛等。

脚本是在一个完整的构思下完成的，包括从什么地方开始表现，表现多少东西，各个东西的主次层次是什么。应该在脚本中把建筑的特点与自己的思维联系到一起。分镜脚本就是一堆场景的最终效果图。为了最后的成品，必须展示相关的要素，如布局效果、色彩等。可以说它的性质类似于设计草图，草图是分镜的基础，也体现了场景的效果。

脚本的创作同写文章一样，要根据主体建筑选择创作的形式，绝不能跑题。其他一切都要为主体建筑服务，不能本末倒置。它不同于美国大片，客户是要拿去展览或投标的，不能为了最终效果而抢了建筑的风头。

脚本的创作大多是总分总的形式。首先是片头，即动画的开头部分，以时间为线索，展开镜头的表现；其次是正文，即动画所表现的主要内容；再次是动画的结尾，即动画的收场。

建筑动画体现的也是视觉艺术，所以大家要多看相关的广告、电影和一些影视类的书籍，对自己的提升很有帮助。

12.3 3ds Max 和 After Effects 中关于制式的设置

在三维制作中，到底要不要渲染场，渲染奇场还是偶场，这些都需要根据实际情况决定。如果渲染的图像要和将来实拍的影像合成，最后是带场输出的，在合成软件中先对它们去场，合成后再带场最终渲染输出。如果是单纯的动画，可以根据图像决定，画面有大幅度的水平移动时，包括近处物体移动、物体快速飞行、整个摄像机摇椅等，可以带场输出，避免画面出现抖动，如果没有必要带场输出，最好不带，这样可以制作更高质量的图像。

12.3.1 3ds Max 参数设置

（1）在 Customize（自定义）下拉菜单中选择 Preferences（属性）选项，如图 12.3 所示。

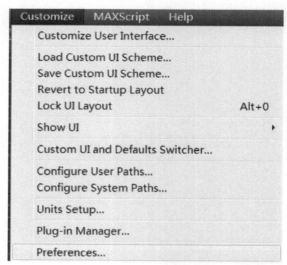

图 12.3　3ds Max 参数设置

（2）在 File Order（场序）中，把默认的 Odd（奇场）改为 Even（偶场），如图 12.4 所示。

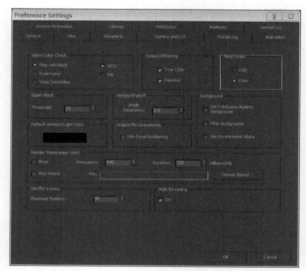

图 12.4　3ds Max 参数设置 01

（3）渲染时选择 Render（渲染）菜单命令。

（4）在弹出的 Common（公用）选项卡的 Options（选项）组中，勾选 Render to Fields（渲染场）复选框渲染场，如图 12.5 所示。

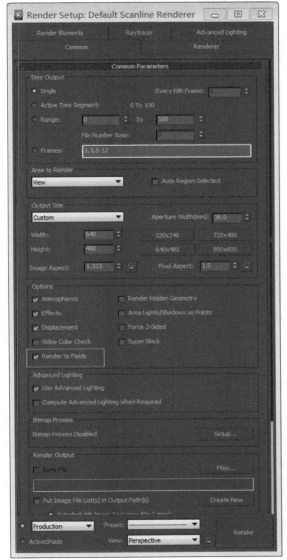

图 12.5　3ds Max 参数设置 02

12.3.2　After Effects　参数设置

在 After Effects 中，选 择 菜 单 栏 Edit-Preferences-Import（编辑 - 参数选择 - 导入）命令，将 Sequence Footage（序列素材）中的 30 Frames Per Second（30 帧每秒）改为 25 Frames Per Second（25 帧每秒），如图 12.6 所示。

图 12.6　After Effects　参数设置

12.4　动画后期基础知识

学习动画后期，不仅要学习如何操作软件，还要了解动画后期的基本理论知识，这样才能在工作中游刃有余地处理各个项目。

12.4.1　电视制式

电视信号的标准简称制式，可以简单地理解为用来实现电视图像或声音信号所采用的一种技术标准（一个国家或地区播放节目时所采用的特定制度和技术标准）。

12.4.2　制式种类

严格来说，彩色电视机的制式有很多种，例如我们经常听到的国际线路彩色电视机，一般都有 21 种彩色电视制式，但把彩色电视制式很详细地学习和讨论并没有实际意义。在人们的印象中，彩色电视机的制式一般只有 NTSC、PAL 和 SECAM。

1. 正交平衡调幅制

正 交 平 衡 调 幅 制（National Television Systems Committee），简称 NTSC 制。采用这种制式的国家主要有美国、加拿大和日本等。这种制式的帧速率为 29.97fps（帧 /s），每帧 525 行 262 线，标准分辨率为 720×480 像素。

2. 正交平衡调幅逐行倒相制

正 交 平 衡 调 幅 逐 行 倒 相 制（Phase-Alternative Line），简称 PAL 制。中国、德国和英国等国家采用这种制式。这种制式的帧速率为 25fps（帧 /s），每帧 625 行 312 线，标准分辨率为 720×576 像素。

3. 行轮换调频制

行轮换调频制，简称 SECAM 制。采用这种制式的国家有法国和俄罗斯等国家。

12.4.3　电视制式要注意的问题

1. 分辨率

目前制作普通的 PAL 制式电视视频文件和 DVD 的分辨率是 720×576 像素，所以无论制作画面之前的分辨率是多少，最终输出时分辨率必须设置为 720×576 像素这个尺寸。但是有时为了画面美观，会在 3ds Max 中设置 720×404 像素来模拟 16：9 的宽银幕，但是通过合成和后期剪辑处理出来之后，画面大小必须改为 720×576 像素。

2. 帧速率

PAL 制式播放的画面速度是每秒 25 帧，可以表示为 25 帧 /s，NTSC 制式是 29.97 帧 /s。如果制作动画时设置的帧速率和制式不匹配，就会引起时间线上的混乱或画面不流畅。

3. 场

如果先扫描其中的奇数行，然后扫描偶数行，叫作奇场优先或上场优先反之叫作偶场优先或下场优先。

4. 长宽比和像素比

PAL 制式的长宽比是 4 : 3，高清的比例为 16 : 9。

像素比是一个像素的长宽比例。计算机产生的像素永远是 1:1 的，而电视机使用的 PAL-D 制的图像，像素比是 1.067，也就是电视机把图像水平拉长了。这样正方形就变成了长方形，在制作电视节目时如果发现这种情况，不要盲目地改原来的像素比，只要在编辑软件中进行相应的调整即可。所以在制作电视视频的时候，要注意匹配像素比的问题，防止在实际播放时出现画面变形的错误。

5. 安全框

在电视传播的过程中由于扫描的原因，图像会放大，所以有些画面的边缘会被切掉。为了保证画面完整，在制作过程中，最好打开安全框，让主要画面在安全框内，安全框在摄像机视图显示。

12.5 After Effects 实际操作

建筑动画后期的一般流程分为调节前的软件设置，建立新的 Composition（合成），在 Composition（合成）中导入序列，画面调节，渲染输出等几个步骤。

12.5.1 调节前的软件设置

设置正确的帧速率，以保证正确地播放动画。

（1）选择 After Effects 菜单命令 File-Project Settings（文件－项目设置），在弹出的 Project Settings（项目设置）窗口中设置帧速率，如图 12.7 所示。

（2）选择 After Effects 菜单命令 Edit-Preferences -Import（编辑－预设－输入），在弹出的 Preferences（预设）窗口中设置帧速率，如图 12.8 所示。

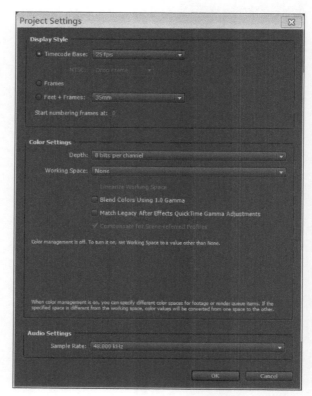

图 12.7 帧速率 01

图 12.8　帧速率 02

12.5.2　建立新的 Composition（合成）

（1）选择 After Effects 菜单命令 Composition-New Composition（合成 – 新建合成），在弹出的 Composition Settings（合成设置）窗口中，设置与 PAL 制电视制式相对应的参数，其中包括分辨率、像素比、帧速率 3 项。

（2）在 Composition Settings（合成设置）中，设置和序列一致的时间长度，并为此 Composition（合成）命名，如图 12.9 所示。

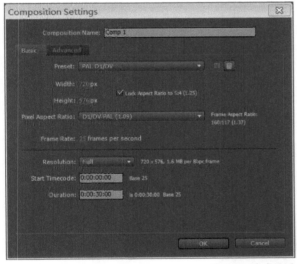

图 12.9　合成设置

12.5.3　在 Composition（合成）中导入序列

（1）选择 After Effects 菜单命令 File-Import-File（文件 – 导入 – 文件），在弹出的 Import File（导入文件）窗口中，导入已经渲染好的序列，导入序列时应勾选 Targa Sequence，如图 12.10 所示。

图 12.10　导入序列 01

（2）在弹出的 Interpret Footage（解释素材）窗口中，选择 Ignore（忽略）单选按钮。

注意：

在导入含有 Alpha 通道信息的文件时，需要选择透明通道，如图 12.11 所示。

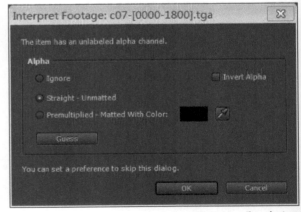

图 12.11　导入序列 02

（3）序列导入 After Effects 后，还需要对 Interpret Footage（解释素材）中的其他选项做相应调整，要与 Composition（合成）中的设置一致，在 After Effects 的

Project（项目）窗口中。在导入的序列上单击鼠标右键，选择 Interpret Footage-Main（解释素材－常规）命令，如图 12.12 所示。

图 12.12　导入序列 03

（4）各项都设置好后，将序列拖曳到 Timeline（时间线）窗口中，此时，序列就被放在 Comp1 中了。

12.5.4　画面调节

渲染完的镜头一般要调整一下整体色调，对局部微调，有的还要加上雾效和景深效果。

镜头校色，主要从色相、饱和度、亮度、对比度等几个方面进行。根据影片具体要求校色，先对镜头分析，然后整体校色，在局部处理，最后统一色调。

（1）Curves（曲线）调整。为了提高镜头的真实感，可以通过 Curves（曲线）对镜头对比度、色调做调整。

在 Timeline（时间线）窗口中激活序列。选择 After Effects 菜单命令 Effect-Color Correction-Curves（特效－色彩调整－曲线），这样就在序列中添加上了 Curves（曲线），在 After Effects 面板左侧的 Effect Controls（特效控制）窗口中可以看到 Curves（曲线）。可以分别对 Red（红色通道）、Green（绿色通道）、Blue（蓝色通道）进行调节，如图 12.13 所示。

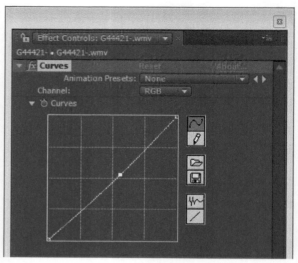

图 12.13　曲线

（2）Hue/Saturation（色相／饱和度）调整。在 Timeline（时间线）窗口中激活序列。然后选择 After Effects 菜单命令 Effect-Color Correction-Hue/Saturation（特效－色彩调整－色相／饱和度），这样就在序列中添加上了 Hue/Saturation（色相／饱和度），在 After Effects 面板左侧的 Effect Controls（特效控制）窗口中可以看到 Hue/Saturation（色相／饱和度）。Hue/Saturation（色相／饱和度）主要是通过 Hue（色相）、Saturation（饱和度）、Lightness（亮度）对画面进行调节。可以对整体画面调节，也可以对画面中的 Red（红色通道）、Green（绿色通道）、Blue（蓝色通道）分别进行调节，如图 12.14 所示。

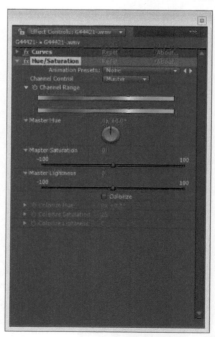

图 12.14　色相／饱和度

（3）雾化效果，主要把镜头 ZDepth（Z 深度）在 3ds Max 中渲染出来，在后期中做雾化效果。

（4）景深效果，主要通过 Depth of Field（景深）完成。

注意：

可以根据画面需要增加不同的效果，不需要局限在讲解范围内。

12.5.5 渲染输出

后期校色后也要渲染输出文件，再用这个文件进行剪辑。这就需要动画师、校色师、剪辑师相互了解不同岗位的工作内容，以便在工作中默契配合。

1. 设置输出范围

在 After Effects 面板的 Timeline（时间线）窗口中设置输出范围和镜头的时间长度。

2. 输出设置

选择 After Effects 菜单命令 Composition-Make-Movie（合成－制作影片），在 After Effects 面板的下侧弹出 Render Queue（渲染队列）窗口，如图 12.15 所示。

图 12.15　渲染队列

（1）对 Render Queue（渲染队列）窗口的 Render Settings（渲染设置）进行设置。单击 Render Settings（渲染设置）处的 Best Settings（最好设置）按钮，在弹出的 Render Settings（渲染设置）窗口中设置参数，如图 12.16 所示。

图 12.16　渲染设置

（2）对 Render Queue（渲染队列）窗口的 Output Module（输出模式）进行设置。单击 Output Module（输出模式）处的 Loss less（无损）按钮，在弹出的 Output Module Settings（输出模式设置）窗口中设置参数，如图 12.17 所示。

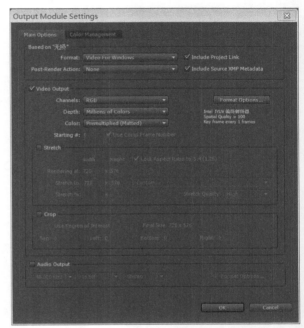

图 12.17　输出模式设置

（3）输出路径及名称设置。在 Render Queue（渲染队列）窗口中，单击 Output to（输出路径）处的 Comp1 按钮，对输出文件的路径及名称进行设置。

（4）在 Render Queue（渲染队列）窗口中，单击 Render（渲染）按钮，进行渲染。到此完成了 After Effects 的全部工作。

12.6　动画剪辑的基础知识

库里肖夫做过一个很有名的试验：他从过去的俄罗斯影片中剪下曾经风靡一时的"电影皇帝"莫兹尤辛几个静态的没有表情的特写镜头，并将这个镜头连续和其他影片的三个镜头并列——第一个镜头表现的是一盆汤，第二个镜头表现的是一女孩在玩一个滑稽的玩具狗熊，第三个镜头表现的是一个躺在棺材里的老年妇女。库里肖夫发现不知内情的观众在观看这 3 组实验性蒙太奇镜头时，出人意外地赞扬演员的表演——他对着那盆忘在桌上没有喝的汤表现出来沉重辛酸的心情；他看着孩子在玩耍时表现出的慈爱和喜悦；面对遗体时，又表现出那样的哀痛。由此，库里肖夫得出结论说，造成这种情

绪反应的，不是单独的镜头内容，而是几个画面之间的并列。这次驰名世界的实验，后来被称为"库里肖夫效应"。

12.6.1 影视画面的处理技巧

• 淡入又称渐显。指下一段戏的第一个镜头光度由零度逐渐增至正常的强度，犹如舞台的"幕启"。

• 淡出又称渐隐。指上一段戏的最后一个镜头由正常的光度，逐渐变暗到零度，犹如舞台的"幕落"。

• 化又称"溶"，是指前一个画面刚刚消失，第二个画面又同时涌现，二者是在"溶"的状态下完成画面内容的更替。其用途①用于时间转换；②表现梦幻、想象、回忆；③表现物变幻莫测，令人目不暇接；④自然承接转场，叙述顺畅、光滑。化的过程通常有3秒钟左右。

• 叠又称"叠印"，是指前后画面各自并不消失，都有部分"留存"在银幕或荧屏上。它是通过分割画面，表现人物的联系、推动情节的发展等。

• 划又称"划入划出"。它不同于化、叠，而是以线条或用几何图形，如圆、菱、帘、三角、多角等形状或方式，改变画面内容的一种技巧。如用"圆"的方式又称"圈入圈出"；"帘"又称"帘入帘出"，即像卷帘子一样，使镜头内容发生变化。

• 入画指角色进入拍摄机器的取景。

• 出画指角色原在镜头中，由上、下、左、右离开拍摄画面。

• 定格是指将电影胶片的某一格、电视画面的某一帧，通过技术手段，增加若干格、帧相同的胶片或画面，以达到影像处于静止状态的目的。通常，电影、电视画面的各段都是以定格开始，由静变动，最后以定格结束，由动变静。

• 倒正画面以银幕或荧屏的横向中心线为轴心，经过180°的翻转，使原来的画面，由倒到正，或由正到倒。

• 翻转画面是以银幕或荧屏的竖向中心线为轴线，使画面经过180°的翻转而消失，引出下一个镜头。一般表现新与旧、穷与富、喜与悲、今与昔的强烈对比。

• 起幅指摄影、摄像机开拍的第一个画面。

• 落幅指摄影、摄像机停机前的最后一个画面。

• 闪回指影视中表现人物内心活动的一种手法，即突然以很短暂的画面插入某一场景，用以表现人物此时此刻的心理活动和感情起伏，手法极其简洁明快。"闪回"的内容一般为过去出现的场景或已经发生的事情。如用于表现人物对未来或即将发生的事情的想象和预感，则称为"前闪"，它与"闪回"统称为"闪念"。

12.6.2 蒙太奇

蒙太奇：镜头与镜头之间的，用记录的光和声来体现的相对时空关系。

蒙太奇：法文 montage 的音译，原为装配、剪切之意，指将一系列在不同地点、从不同距离和角度、以不同方法拍摄的镜头排列组合起来，是电影创作的主要叙述手段和表现手段之一。它大致可分为"叙事蒙太奇"与"表现蒙太奇"。前者主要以展现事件为宗旨，一般的平行剪接、交叉剪接（又称为平行蒙太奇、交叉蒙太奇）都属于此类。"表现蒙太奇"则是为加强艺术表现与情绪感染力，通过"不相关"镜头的相连或内容上的相互对照而产生原本不具有的新内涵。

12.6.3 剪辑

剪辑：是镜头组接时的声音和镜头的造型组接。

剪辑和蒙太奇是类似，是一部影片的镜头组接问题。首先得明确一个问题，一切都是从 CUT "切"开始的，是分切组合的问题。好莱坞是要把分切的镜头重新组合成一个连贯体。为什么要成为一个连贯体呢，因为从人的视知觉和声觉来说，这个世界的光和声是连贯的。可是电影采用了记录的手段，所谓记录，当然是记录现实。即对外部世界的光和声的记录。这种表现方法跟文字的表现方式完全不同。用文字的形式来表达一件事，是我知道一件事，我想起一件事，你不知道，我现在用文字的描写来告诉你。你懂这种文字，你就知道这段文字说的是什么，你不懂这种文字，那么你看到的只是一些你看不懂的乱符号。电影不是符号，是对现实的光和声的记录。电影发明之初，拍电影的人只会一直拍下去。CUT "切"是一个偶然的发现。摄影机出了毛病，停拍了。要修理，修好了又重拍，可是还放的结果，是少了一段马车的行驶，直接接到在一个室内的情景。这就给拍电影的人以启发，电影也可以省略。不再需要不断地拍摄一个人从桌旁站起来，然后一步一步地把这人从桌子到门口的全过程都拍下来。但是这个省略的过程得让观众看清楚了，也就是这一段段的镜头怎么接才能让观众看明白，这就是剪辑的学问。

好莱坞讲究的是要给观众一个似乎很像现实里的动作一样，是连贯的。所以它把剪辑叫 CONTINUITY，连贯性，或连续体。就是要让观众看不出接缝来，仿佛跟现实是一样的。这是一种方法，可是好莱坞为了要用电影来获得票房，不仅要有人来看，而且要有更多的人来看，于是就得迎合观众的趣味。一般观众喜欢看有幸福结尾的

故事。现实生活本身就够苦的了，所以编出一些灰姑娘的故事来。它的制作过程还是镜头的组接过程。

12.7 Adobe Premiere Pro 实际操作

建筑动画剪辑的一般流程为新建项目，采集或导入素材，剪辑并整合影片，加字幕，加特效，音频处理，输出影片。

12.7.1 新建项目

1. 新建或打开项目

（1）启动 Premiere Pro，会出现快速启动窗口，可以选择 New Project（新建项目）或 Open Project（打开项目）。Premiere Pro 也记录了前几次编辑建立的 Recent Projects（最近使用项目），可以直接打开，如图 12.18 所示。

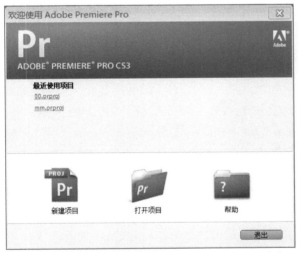

图 12.18　Premiere Pro 启动窗口

（2）单击 New Project（新建项目）选项，弹出设置窗口。这里是设置剪辑项目格式的地方，Premiere Pro 本身提供了一些常用的格式模板，如 DV-PAL、HDTV 等。

（3）选择 Custom Settings（自定义设置）选项卡，建立一个适合建筑动画的剪辑模板，如图 12.19 所示。

图 12.19　Premiere Pro

（4）以标准的 PAL-DI 格式为例，在第一项 General（常规设定）里采用，如图 12.20 所示的设定。注意，这个参数设置完后，剪辑中不能再修改。

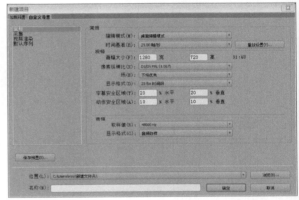

图 12.20　常规设定

2. 建立好项目后进入 Premiere Pro 默认剪辑界面

Premiere Pro 默认剪辑界面如图 12.21 所示。

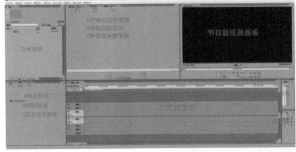

图 12.21　Premiere Pro 的默认剪辑界面

Premiere Pro 的默认剪辑界面中的各个面板紧密相连，剪辑、特效、音频、颜色修正 4 个默认工作区间相互切换。快捷键是 Shift+F9~F12。

12.7.2　采集或导入素材

建筑动画渲染出来后，经过后期合成校色处理后，生成 AVI 格式视频，然后导入到 Premiere Pro 中剪辑，快捷键是 Ctrl+I。

建筑动画中镜头顺序是前期策划脚本时固定好的，所以在导入前文件的命名如 C01.AVI、C02.AVI……至关重要。

为了保证剪辑的质量和速度，视频文件最好采用 AVI 文件格式，音频文件采用无压缩的 WAV 格式。如果导入序列文件，则要勾选（序列图片）复选框，如图 12.22 所示。

图 12.22　序列图片

12.7.3　剪辑并整合影片

1. 时间线和监视器面板

时间线面板是进行动画影片剪辑的主要工作区域，如图 12.23 所示。

图 12.23　时间线面板

视频轨道是放置视频素材的地方，素材以图形化的显示方式排列，遵循从左到右、由上到下的顺序合成。

音频轨道是放置音频素材的地方，默认 3 条立体声轨道，如果导入的音频文件是单声道或 5.1 声道，不能放置在原有的轨道中，必须新建相应的格式轨道。

工作区控制条是限定工作区域所用，可以在输出的时候选择只输出工作区域范围而非整个项目的长度。

缩放滑块可以快速调整时间条的显示长度，常用键盘的"+""−"快捷键。

监视器面板分为左右两个部分，左边为源监视器，用于显示裁切原素材片段，双击项目面板里相应的素材或直接把相应的素材拖到该窗口，即可播放。右边为节目监视器窗口，显示当前剪辑的片段。每个窗口的下面是播放控制和剪辑操作控制按钮。监视器面板如图 12.24 所示。

图 12.24　监视器面板

2. 剪辑影片

（1）把素材放入时间线进行剪辑拼接，可以直接把素材拖到时间线上，如图 12.25 所示。

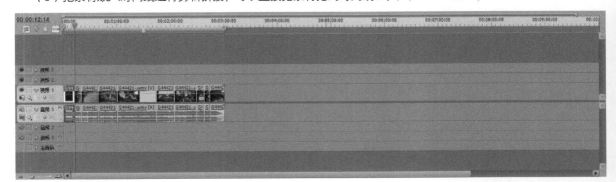

图 12.25　素材拖到时间线上

（2）调整顺序可以用工具栏的选择工具，配合 Ctrl 键和 Alt 键拖动素材。

（3）直接拖动素材，移动后素材的原来位置会空置出来，移动后的素材会覆盖新位置的原素材。

（4）按住 Ctrl 键拖动素材，素材会插入新位置而不会覆盖原来位置的素材，同时移动后留下的空位置会由后面的素材自动补上，当前轨道长度不变，其他轨道会撑开一个和该素材一样的空挡。

（5）同时按下 Ctrl 和 Alt 键，素材插入新位置而不会覆盖原来位置的素材，当前轨道长度不变，其他轨道不会受影响。

（6）素材编排好顺序后，就要对影片进行精剪。用选取工具移动素材的出入点位置，鼠标变成 时可以重新更改素材的出入点位置。这样拖动出入点，轨道长度不变，其他素材位置也不变，但是会覆盖相邻的素材或留下空缺。此时可以用轨道选择工具重新调整后面素材的位置。轨道长度发生改变，其他素材的位置会随着当前修改的素材长短一起改变，不会被覆盖，也不会留下空缺。

（7）导入声音文件，对音乐素材进行调整裁剪，把整个影片长度控制在合适的范围内，加入转场效果。

（8）激活特效面板，选择（视频切换效果），其中（叠化）中的（叠化）效果是 Premiere Pro 常用的场方式。将特效直接拖到两个素材的交界处，添加场效果，如图 12.26 所示。

图 12.26　叠化

（9）通过素材上
的透明曲线关键帧的设
置，控制素材的淡入淡
出，如图 12.27 所示。

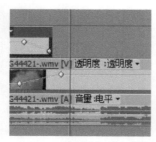

图 12.27　淡入淡出

12.7.4　加字幕

（1）Premiere Pro 可以导入 Photoshop 中制作的带
有 Alpha 透明通道的图形文件或其他软件制作的动态字
幕和 LOGO 图像。

（2）使用 Premiere Pro 内部自带的字幕工具添加
字幕，如图 12.28 所示。

图 12.28　字幕工具

（3）使用 Premiere Pro 内部字幕工具的字幕模板
添加文字和图案，可以修改里面的文字。如图 12.29 所示。

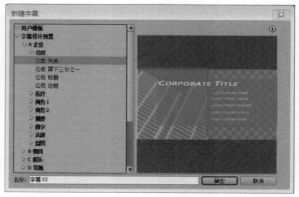

图 12.29　字幕模板

12.7.5　加特效

建筑动画的特效一般在 After Effects 中已经做好，
所以剪辑中常用的就是颜色校正和简单的特效处理，如
图 12.30 所示。

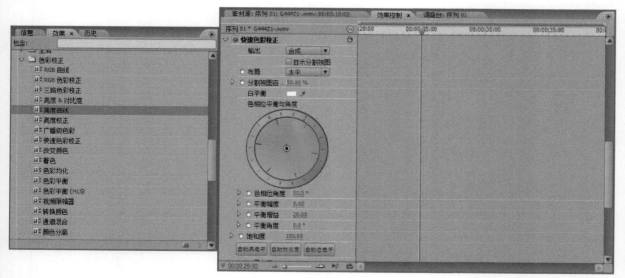

图 12.30　颜色校正

12.7.6 音频处理

建筑动画的音乐音效不同于影视片，它是与剪辑组接镜头同步完成的。按空格键播放影片，注意观察主音量的电平指示条有没有冲到红色点，如果有，用轨道音量控制滑杆降低音量，把声音控制在绿色范围之内，如图 12.31 所示。

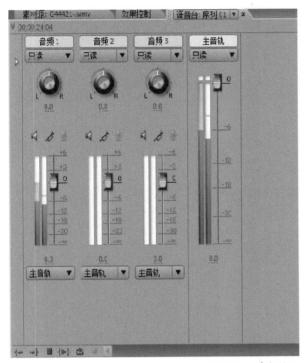

图 12.31　音频处理

12.7.7　输出影片

剪辑完成后，按照用途输出为不同格式的文件。建筑动画主要用来展示，所以常用的输出格式是 DVD。输出完成后检查一下是否有输出错误等问题，并及时修正。

12.8　本章总结

本章讲解了建筑动画后期的概念、操作软件、相关建筑动画后期的操作流程，以及剪辑与蒙太奇的关系。通过本章的学习，可掌握建筑动画后期的常见知识。在建筑动画中，后期所占的比重是很大的，好的后期制作，如片头、音乐、剪辑等都可以提升影片的整体感觉。而差的后期会让好的渲染图片瞬间变得狼狈不堪，感觉很不舒服。

色彩是动画的视觉效果，音乐是动画的听觉效果，剪辑是动画的结构框架，动画师与后期校色师和剪辑师只有相互吸收不同的工作思维理念，才能在后面工作中提高效率，协调发展。大家要多看优秀的片头和影片，不仅如此，还要多练习，提高自己的水平。

我常常把自己觉得好的电影里的单帧手绘画下来，这样就能在做镜头的时候知道怎样布置场景，使其更加真实。

我会参考电影场景的空间感和优美色调去校正自己视频作品的空间取景和色调，以培养自己的镜头画面感。

我会参考电影里的剪辑，很多优秀的预告片是不错的参考。把素材分解成很多单个镜头，然后自己剪辑出不同的作品，并对比和原片电影的差异，这样可以提高自己的节奏感。

我会参考影片中镜头的走向，用自己的手机或随身的摄影工具来拍视频，这样就可以知道在处理相机路径走向的时候应该怎样处理，效果会更好。

读 者 服 务

读者在阅读本书的过程中如果遇到问题，可以关注"有艺"公众号，通过公众号中的"读者反馈"功能与我们取得联系。此外，通过关注"有艺"公众号，您还可以获取艺术教程、艺术素材、新书资讯、书单推荐、优惠活动等相关信息。

扫一扫关注"有艺"

投稿、团购合作：请发邮件至 art@phei.com.cn。

内 容 简 介

本书以工作中实际项目制作过程为引，由浅及深地讲解建筑动画制作的知识点。第1章介绍建筑动画的制作及流程等理论知识。第2章介绍建筑动画场景细化的规范和注意事项。第3章讲空间和场景的关系。第4章介绍镜头制作流程，通过鸟瞰讲解，学习一个项目制作的先后顺序。第5章介绍模型，学习在模型中长镜头制作的重点。第6章讲材质，分析真实世界材质的特性和常用材质的制作思路。第7章讲灯光和渲染，通过常用小区的场景制作来讲灯光制作方法。第8章介绍春夏秋冬场景的制作，通过4个季节不同的特点，提高整体把握运用大场景的能力。第9章介绍夜景动画的制作，讲解夜景的灯光制作思路和合成的效果。第10章讲逆光效果的码头场景。第11章介绍无缝转场，通过理论知识的学习加上实际案例的讲解，读者能够对无缝转场有深入理解。第12章介绍建筑动画后期制作的概念、流程，以及影片剪辑和其他常见问题。

未经许可，不得以任何方式复制或抄袭本书之部分或全部内容。

版权所有，侵权必究。

图书在版编目（CIP）数据

3ds Max 建筑动画教程 / 吴寅寅编著. — 北京：电子工业出版社，2019.7
ISBN 978-7-121-36742-7

Ⅰ．①3… Ⅱ．①吴… Ⅲ．①建筑设计－计算机辅助设计－三维动画软件－教材 Ⅳ．①TU201.4

中国版本图书馆CIP数据核字（2019）第111805号

责任编辑：田　蕾
印　　　刷：北京虎彩文化传播有限公司
装　　　订：北京虎彩文化传播有限公司
出版发行：电子工业出版社
　　　　　北京市海淀区万寿路173信箱　邮编：100036
开　　本：787×1092　1/16　印张：20.5　字数：590.4千字
版　　次：2019年7月第1版
印　　次：2022年6月第7次印刷
定　　价：98.00元

凡所购买电子工业出版社图书有缺损问题，请向购买书店调换。若书店售缺，请与本社发行部联系，联系及邮购电话：（010）88254888，88258888。

质量投诉请发邮件至zlts@phei.com.cn，盗版侵权举报请发邮件至dbqq@phei.com.cn。

本书咨询联系方式：（010）88254161~88254167转1897。

3ds Max
吴寅寅 编著

建筑动画教程

电子工业出版社
Publishing House of Electronics Industry
北京·BEIJING